职业教育课程改革创新规划教材·电子技术轻松学

数字视听产品原理与维修

韩广兴　主编
韩雪涛　吴　瑛　副主编

电子工业出版社
Publishing House of Electronics Industry
北京·BEIJING

内 容 简 介

本书以典型样机为演练对象，将激光数字视听产品，MP3/MP4 数码机组合数字视听产品和数码影院系统及其部件分成四个单元和多个项目模块，进行实际样机的剖析、检测和维修的操作演练，在进行结构、信号流程和工作原理演示的同时，介绍技能演练的方法和操作案例。充分体现学中做、做中学的教学方法。将维修现场的实修案例以图解的形式移植到教学课堂，理论联系实际，注重实践，易懂易学。

本书可作为职业院校的教材，也可作为从事数字视听产品开发、制造、调试、维修的技术人员和业余爱好者的阅读材料，以及职业技能培训教材。

本书还配有电子教学参考资料包，包括教学指南、电子教案及习题答案。

未经许可，不得以任何方式复制或抄袭本书之部分或全部内容。
版权所有，侵权必究。

图书在版编目（CIP）数据

数字视听产品原理与维修/韩广兴主编．—北京：电子工业出版社，2013.2
职业教育课程改革创新规划教材·电子技术轻松学
ISBN 978-7-121-18611-0

Ⅰ.①数… Ⅱ.①韩… Ⅲ.①音频设备–维修–中等专业学校–教材
②激光放像机–维修–中等专业学校–教材 Ⅳ.①TN912.271.07②TN946.5

中国版本图书馆 CIP 数据核字（2012）第 226941 号

策划编辑：张　帆
责任编辑：郝黎明　　文字编辑：裴　杰
印　　刷：三河市鑫金马印装有限公司
装　　订：三河市鑫金马印装有限公司
出版发行：电子工业出版社
　　　　　北京市海淀区万寿路 173 信箱　邮编　100036
开　　本：787×1092　1/16　印张：14.5　字数：372 千字
印　　次：2013 年 2 月第 1 次印刷
定　　价：28.00 元

凡所购买电子工业出版社图书有缺损问题，请向购买书店调换。若书店售缺，请与本社发行部联系，联系及邮购电话：(010) 88254888。
质量投诉请发邮件至 zlts@phei.com.cn，盗版侵权举报请发邮件至 dbqq@phei.com.cn。
服务热线：(010) 88258888。

前　言

　　随着我国数字化、网络化和信息化进程的加快，大大促进了电子信息技术和信息产业的发展。近年来我国的电子产品制造业正在经历一个质的飞跃，从电子产品制造大国向电子产品制造强国迈进，从"中国制造"向"中国创造"迈进。特别是电子信息处理技术和相关产品尤为突出，其中，大量的产品是数字视听产品，这些产品不仅满足了人们休闲和娱乐的需求，而且成为人们学习、工作和智力开发的工具。生产规模的扩大，需要从事相关产品的研发生产、调试和维修的技术人员也随之扩大，特别是具有一技之长的技能型人才成为当前的紧缺人才。

　　数字视听产品是新技术、新工艺、新材料和新器材的集合体，是体现当前高新技术的新产品，从业人员需要不断地学习相关的技术，不断地更新专业知识，训练加工制造、测试和维修等方面的操作技能。

　　为满足社会上对人才的需求，很多工业技术院校都开设了数字视听产品原理及维修专业课程，为适应市场的变化，也需要不断地更新专业技能的培训教材。

　　本书采用项目式教学，根据产品特点分成单元（模块），以实际的样机为例，模拟剖析演练，教学引导和动手操练的实践环境，从而实现学中做、做中学。教材由专家指导、技师演练和多媒体技术工程师共同完成。将企业工作环境和工作案例移植到课堂，生动形象，通俗易懂。

　　本教材的内容涵盖了国家职业资格（家电维修、天线调试专业）和数码工程师考核的内容，可以开展"双证书"教学。

　　本书主编韩广兴教授曾参与国家职业标准的制定和试题库的开发工作，对职业资格认证考核、培训工作比较熟悉，可提供技术咨询。

　　读者通过学习和实训，可根据自身情况申报相应的专业技术等级，获得国家职业资格认证或数码维修工程师相应等级的专业技术资格认证。

　　本书由韩广兴担任主编，韩雪涛、吴瑛担任副主编，参加编写的人员还有张丽梅、马楠、宋明芳、梁明、宋永欣、张鸿玉、韩雪冬、吴玮、张湘萍、王新霞、周洋、马敬宇等。

　　为满足读者需求，数码维修工程师鉴定指导中心还提供了网络远程教学和多媒体视频自学两种培训途径，读者可以直接登录数码维修工程师官方网站进行培训或购买配套的 VCD 系列教学光盘自学（本书不含光盘，如有需要请读者按以下地址联系购买）。

　　读者如果在自学或参加培训的学习过程中及申报国家专业技术资格认证方面有什么问题，也可通过网络或电话与我们联系。

　　网址：http://www.chinadse.org

　　联系电话：022－83718162/83715667/13114807267

　　E－mail：chinadse@163.com

　　地址：天津市南开区榕苑路 4 号天发科技园 8－1－401，数码维修工程师鉴定指导中心

　　邮编：300384

编　者

目 录

第1单元 激光数字视听产品的结构特点和维修技能 ········· 1

项目1 掌握激光数码机（CD/VCD机）结构特点和检修方法 ········· 2
任务1.1 激光数码机（CD/VCD机）的整机结构和工作原理 ········· 2
1.1.1 激光数码产品（CD/VCD机）的结构和特点 ········· 2
1.1.2 CD/VCD机的整机构成 ········· 5
1.1.3 CD/VCD机的信号处理过程 ········· 10
任务1.2 维修激光数码机（CD/VCD机）的综合实训 ········· 21
1.2.1 维修激光头的技能实训演练 ········· 21
1.2.2 音频信号处理电路的检测实训 ········· 32

项目2 掌握激光视盘机（DVD机）结构特点和检修方法 ········· 38
任务2.1 激光视盘机（DVD机）的整机结构和工作原理 ········· 38
2.1.1 高清视盘机（DVD机）的整体构成 ········· 38
2.1.2 DVD机的信号流程 ········· 41
任务2.2 训练检修DVD机的基本方法 ········· 43
2.2.1 DVD机的故障特点和检测方法 ········· 43
2.2.2 新型DVD机的基本检修流程 ········· 46
任务2.3 维修DVD机的综合实训 ········· 56
2.3.1 数字信号处理电路板的基本结构和电路分析 ········· 56
2.3.2 数字信号处理电路的故障检修流程 ········· 67
2.3.3 数字信号处理电路板的维修实训 ········· 69

第2单元 MP3/MP4数码机的结构特点和维修技能 ········· 87

项目1 掌握MP3数码机的结构特点和检修方法 ········· 88
任务1.1 MP3数码机的整机结构和工作原理 ········· 88
1.1.1 MP3数码机的整机结构 ········· 88
1.1.2 MP3数码机的电路结构 ········· 89
1.1.3 MP3数码机的拆卸实训 ········· 95
1.1.4 MP3数码机CPU和解码器电路的检测实训 ········· 98

项目2 掌握MP4的结构特点和检修方法 ········· 104
任务2.1 MP4数码机的结构原理 ········· 104
2.1.1 MP4数码机的整机结构和工作流程 ········· 104

目　录

  2.1.2　CPU 和解码器芯片及相关电路的结构和工作原理 …………………………… 105
  2.1.3　MP4 数码机的存储器电路的结构和工作原理 ………………………………… 111
  2.1.4　MP4 数码机的音频电路结构和工作原理 ……………………………………… 111
  2.1.5　MP4 数码机的 USB 接口电路的结构和工作原理 ……………………………… 120
  2.1.6　视频电路的结构和工作原理 …………………………………………………… 121

 任务 2.2　维修 MP4 数码机的综合实训 ……………………………………………………… 121
  2.2.1　维修 MP4 数码机实训环境的搭建 ……………………………………………… 121
  2.2.2　MP4 数码机 CPU 和解码器芯片电路的检测实训 ……………………………… 122
  2.2.3　MP4 数码机 LCD 显示及驱动电路的检测实训 ………………………………… 127
  2.2.4　MP4 数码机摄像头电路的检测实训 …………………………………………… 133
  2.2.5　MP4 机收音电路的检测实训 …………………………………………………… 135
  2.2.6　MP4 数码机电源电路的故障检修 ……………………………………………… 143

第 3 单元　组合数字视听产品的结构特点和维修技能 ……………………………… 146

项目 1　掌握组合数字视听产品的结构特点和检修方法 …………………………………… 147
 任务 1.1　组合数字视听产品的整机结构和工作原理 ………………………………………… 147
  1.1.1　组合数字视听产品的外部结构 ………………………………………………… 148
  1.1.2　组合数码产品中的内部结构 …………………………………………………… 150
 任务 1.2　数码组合产品的电路结构 …………………………………………………………… 151
  1.2.1　系统控制和操作显示电路 ……………………………………………………… 151
  1.2.2　收音电路 ………………………………………………………………………… 152
  1.2.3　CD/VCD 信号处理电路 ………………………………………………………… 155
  1.2.4　音频信号处理电路 ……………………………………………………………… 158
  1.2.5　双卡录音座电路 ………………………………………………………………… 160
  1.2.6　功放电路 ………………………………………………………………………… 160

项目 2　组合数码视听产品的检修技能实训 ………………………………………………… 161
 任务 2.1　数码组合音响的检修思路 …………………………………………………………… 161
  2.1.1　数码组合音响的故障特点和常见故障表现 …………………………………… 161
  2.1.2　数码组合音响的故障检修流程 ………………………………………………… 162
 任务 2.2　数码组合音响的检修方法实训 ……………………………………………………… 163
  2.2.1　系统控制电路的检修方法实训 ………………………………………………… 163
  2.2.2　收音电路的检修实训 …………………………………………………………… 166
  2.2.3　CD 伺服和数字信号电路的检修实训 …………………………………………… 172
  2.2.4　音频信号处理电路的检修实训 ………………………………………………… 176
  2.2.5　音频功率放大器的检修实训 …………………………………………………… 177

第 4 单元　数码家庭影院系统（AV）的结构特点和维修技能 ……………………… 179

项目 1　掌握数码影院系统的结构特点和检修方法 ………………………………………… 180
 任务 1.1　数码家庭影院系统的整机结构和工作原理 ………………………………………… 180

目 录

  1.1.1 数码家庭影院系统（AV）的构成 ·· 180
  1.1.2 典型 AV 功放的电路结构和信号流程 ··· 182
 任务 1.2 数码功能电路的结构和原理 ··· 186
  1.2.1 数码功放的整机构成 ··· 186
  1.2.2 数码功放中各单元电路的结构 ·· 188

项目 2 掌握音频功放机的结构特点和故障检修方法 ································· 193
 任务 2.1 音频功放机的整机构成 ·· 193
  2.1.1 音频功放机的操作面板和接口 ·· 193
  2.1.2 音频功放机的内部结构 ··· 193
 任务 2.2 音频功放机各单元电路结构 ··· 195
  2.2.1 功率放大器及电源电路 ··· 195
  2.2.2 音频控制电路 ··· 199
  2.2.3 音量调整电路 ··· 200
  2.2.4 卡拉 OK 电路 ·· 202

项目 3 多声道功放设备的检修技能实训 ·· 205
 任务 3.1 了解音频功放设备的检修思路 ·· 205
  3.1.1 多声道功放设备的故障特点和常见故障表现 ·································· 205
  3.1.2 多声道功放设备的故障检修流程 ··· 206
 任务 3.2 多声道功放检修技能的实训演练 ··· 207
  3.2.1 电源及功放电路的检修实训 ·· 207
  3.2.2 音频处理和控制电路的检修实训 ··· 215
  3.2.3 卡拉 OK 电路的检修实训 ··· 220

第1单元

激光数字视听产品的结构特点和维修技能

综合教学目标：了解激光数字视听产品的结构、功能、工作原理和检修方法。

岗位技能要求：能根据图纸资料对典型激光数字视听产品的单元电路及主要元器件进行检测。

项目 1

掌握激光数码机（CD/VCD 机）结构特点和检修方法

教学要求和目标：掌握激光数码机（CD/VCD 机）的结构特点、信号流程、工作原理和检修方法。

任务1.1 激光数码机（CD/VCD 机）的整机结构和工作原理

1.1.1 激光数码产品（CD/VCD 机）的结构和特点

激光唱机是利用激光束读取光盘信息的设备，CD 光盘是记录数字音频信号的光盘，因而激光唱机又称 CD 唱机，是最早采用数字技术的音频设备。后来在 CD 光盘的基础上采用数据压缩技术，将音频信号和视频图像信号都记录在光盘上，它不仅能记录音乐节目还能记录电视节目，这种光盘被称为视频-CD，简称 VCD。VCD 机既可以播放 CD 光盘，也可以播放 VCD 光盘，它与 CD 机相比，激光头和机芯结构是完全相同的，只是增加了一个音频/视频解压缩处理芯片。CD/VCD 机的主要组成部分是 CD 机芯和光盘信息处理电路。

1. CD/VCD 机芯的结构

图 1-1 是播放 CD/VCD 光盘的结构，它是由激光头、进给机构和光盘驱动机构等部分构成的。激光头中设有激光二极管、光敏二极管组件和光学镜头等部分。进给机构是驱动激光头进行水平移动的部件。光盘驱动机构主要是主轴电动机，主轴电动机驱动光盘旋转，进给机构驱动激光头在光盘下作水平运动，从而跟踪光盘上的信息纹，在光盘的转动过程中读取光盘上的信息。

2. CD 机的信号处理电路

图 1-2 是典型 CD 唱机的整机电路方框图，工作时 CD 光盘在主轴电动机的驱动下相对于激光头进行恒线速旋转，激光头中的激光束投射到光盘盘面上，由光盘反射回来的激光束受到光盘信息坑的调制，这种反射光束中包含了光盘的信息内容，激光头将反射的光信号转换

第1单元 激光数字视听产品的结构特点和维修技能

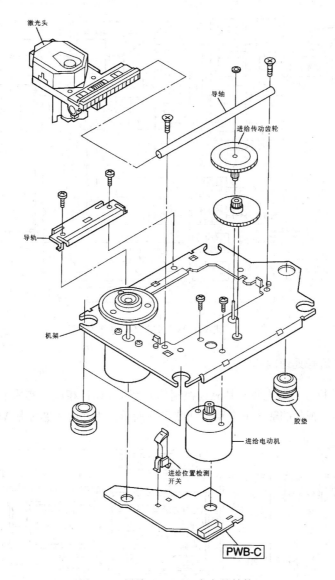

图 1-1 播放 CD/VCD 光盘的结构

成电信号送到 RF 信号放大电路中，进行信号放大和聚焦误差、循迹误差的检测。RF 信号是包含音乐数据的信号，数据检出电路通过对此信号的处理就可以将数字信号提取出来。

在播放 CD 光盘的过程中由于光盘的偏摆，激光束的焦点会发生变化，因此在读取光盘信息的同时，伺服预放电路从激光头输出的信息中检出聚焦和循迹误差信号。经伺服处理形成聚焦线圈和循迹线圈的驱动信号，再去校正物镜，使激光束保持正确的聚焦和循迹状态。

同时，在信号处理过程中还可以检出主轴电动机的旋转误差，经恒线速伺服电路形成主轴电动机的驱动信号，使主轴电动机按恒线速的要求旋转。

光盘的装入和卸出是由微处理器通过控制加载电动机（光盘装卸电动机）来完成的。读取光盘信息时，其中的子码信号送到微处理器，从子码中译出节目序号、播放时间等信息，再显示到多功能显示屏上。

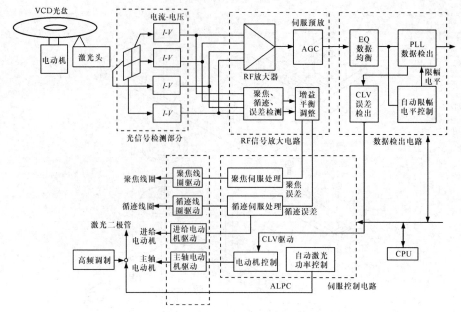

图 1-2 典型 CD 唱机的整机电路方框图

3. VCD 机的信号处理电路

VCD 影碟机的机芯、激光头及其驱动控制部分都与 CD 机相同，实质上是在 CD 机的基础上增加了一套音频、视频的解压缩电路，如图 1-3 所示，因而解压芯片是 VCD 机的核心部分。

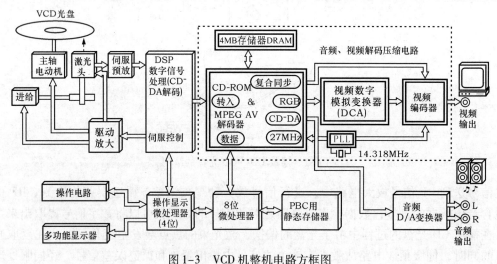

图 1-3 VCD 机整机电路方框图

VCD 光盘是按照 MPEG1 的技术标准进行数据压缩的，视频信号的压缩比为 1/20～1/130，音频信号的压缩比为 1/6。MPEG 是国际上运动图像专家小组的简称。MPEG1、MPEG2 都是这个专家小组制定的视频压缩的技术标准。MPEG1 是用于 VCD 的民用级技术标准；MPEG2 是专业或广播级标准。

VCD 光盘上音频和视频信号记录格式及信号处理的方式都必须有一个统一的技术标准，只有这样，VCD 光盘才可以在任何一台 VCD 机上播放。VCD 光盘的制作具有统一的标准，

第 1 单元 激光数字视听产品的结构特点和维修技能

VCD 播放机的解压缩电路也是根据这个标准制作的。通过解压缩电路，就能将记录在光盘上的音频和视频信号恢复出来。所谓 VCD 的版本，也是指这种技术标准。

1.1.2 CD/VCD 机的整机构成

如图 1-4 所示为典型 VCD 机的整机结构图，图 1-5 是 VCD 机的整机结构框图。从图中可以看出该机主要是由操作显示电路、卡拉 OK 电路、机芯、伺服预放电路和 DSP 电路、电源供电电路，以及 A/V 解码电路等部分构成的。

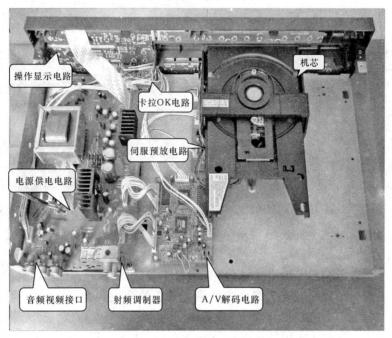

图 1-4 典型 VCD 机的整机结构图

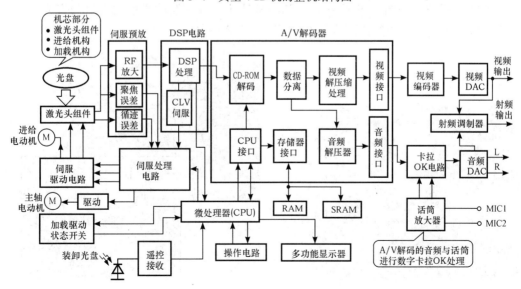

图 1-5 VCD 机的整机结构框图

1. 激光头组件的机构特点

激光头组件是读取光盘信息的主要器件，图 1-6 所示为激光头组件在机芯上的安装位置示意图。

激光头组件背面有一块小的电路板，如图 1-7 所示，上面有激光二极管发光功率微调电位器，可以用来调节激光二极管的发光功率。还有与电路板制成一体的软排线将激光头读取的光盘信息输出到其他电路。

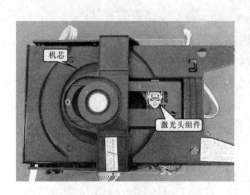
图 1-6 激光头组件安装位置

图 1-7 激光头组件实物的相关电路

将激光头组件从机芯上面拆卸下来，其外观如图 1-8 所示，由图可以发现它由物镜、激光二极管、永磁体、线圈等几个主要部分组成。

当光盘安装到位后，激光头组件便在进给机构的驱动下沿着导轨首先移动到光盘信息纹的目录位置，即起始位置。激光头组件内的激光二极管便发出激光束照射到光盘的信息纹上。激光束被光盘反射后，受到信息坑槽的调制，再射回激光头内部，经光学系统后照射到光敏二极管组件上。该激光头组件采用的是全息镜头，因此，其光敏二极管组件和发光二极管是集成在一起的，如图 1-9 所示为飞利浦机芯集成在一起的光敏二极管与发光二极管，光敏二极管输出的信号经多芯软排线送到伺服预放电路中。

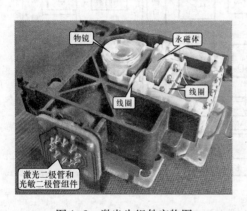
图 1-8 激光头组件实物图

图 1-9 光敏二极管与发光二极管制成一体的组件

第1单元 激光数字视听产品的结构特点和维修技能

激光头组件中光敏二极管组件输出的信号经软排线送到伺服预放电路中,光敏二极管组件输出的信号在伺服预放电路中进行 RF 信号放大和聚焦、循迹误差的检测。RF 信号中包含有音频和视频信息,RF 信号经过放大后再送到数字信号处理电路中进行处理。聚焦和循迹误差信号送到伺服处理器中进行伺服处理。

2. 伺服电路的结构特点

图 1-10 是伺服预放电路和 DSP 电路的安装位置示意图,从图中可以看出,它安装在机芯部分的背面。

图 1-11 所示为伺服预放电路板上的集成电路,激光头组件输出的信号送到 TDA1300 伺服预放电路中,在 TDA1300 中完成 RF 信号的放大和聚焦误差、循迹误差信号的处理和放大。TDA1300 放大的 RF 信号送到 SAA7372 中进行数字信号的处理,聚焦误差和循迹误差信号经伺服处理后变成驱动线圈的信号,然后经伺服驱动电路 TDA7073 放大后去驱动激光头组件中的聚焦线圈和循迹线圈。主轴电动机的伺服误差在 SAA7372 中处理。主轴电动机的驱动信号和进给电动机的驱动信号也是由 TDA7073 放大的,因此,在伺服预放电路板上设有两个 TDA7073。

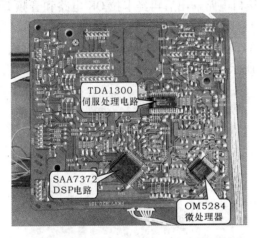

图 1-10 伺服预放电路板的安装位置(VCD751)　　图 1-11 伺服预放电路板的结构

3. 数字信号处理电路的机构特点

数字信号处理电路 SAA7372 是一种大规模数字集成电路。SAA7372 主要用于对来自伺服预放电路 TDA1300 的 RF 信号进行 EFM 解调和纠错等数字处理,实际上是对光盘读出的音频和视频信息进行初步的处理。

在 DSP 电路中还设有控制主轴电动机的恒线速伺服电路,它的功能是从数据信号中分离出数据同步信号,CD/VCD 盘中的数据同步信号被称为帧同步信号。这里的伺服电路主要用于对帧同步信号的频率和相位进行检测,所检出的误差信号实质上就是驱动光盘旋转的主轴电动机的转速误差信号,CD/VCD 机在播放光盘时,要求光盘的信息纹与激光头组件的相对扫描运动的线速度是恒定的。因此,这里的伺服电路又被称为恒线速(CLV)伺服电路,它将同步误差信号转换成驱动主轴电动机的控制信号,使光盘电动机的转动符合恒线速的要求。

4. A/V 解码电路和音频、视频电路的结构特点

图 1-12 所示为 VCD751 的 A/V 解码电路板。CL484 A/V 解码器是 A/V 解码电路板的主

要电路,它是由 CD-ROM 解码电路、数据分离电路、视频解压缩处理电路、音频解压缩处理电路、视频接口、存储器接口和微处理器(CPU)接口等部分构成的。A/V 解码电路一般是由一个或几个集成电路来完成的。来自 DSP 电路的数据信号在解压缩处理电路中首先进行数据分离和解码处理,主要是进行音频、视频的解压缩处理还原成压缩前的视频数字信号,然后经视频接口电路输出。视频数字信号再经视频编码器,编制成 PAL 制或 NTSC 制的视频信号,然后经 D/A 变换器变换成模拟视频信号,也可以变成亮度(Y)和色度(C)信号输出。

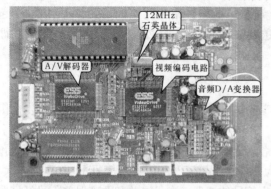

图 1-12　VCD751 的 A/V 解码电路板

A/V 解码电路中经数据分离电路分离出的音频数据信号在音频解压缩处理电路中进行处理,还原出压缩前的音频数字信号,经音频接口电路输出后再经卡拉 OK 电路和音频 D/A 变换器变成模拟音频信号(L、R)输出。

卡拉 OK 电路有两部分组成,一部分位于 VCD 前面板上,为话筒信号的输入部分,如图 1-13 所示,另一部分的分布位置如图 1-14 所示。

(a)

(b)

图 1-13　话筒信号输入部分

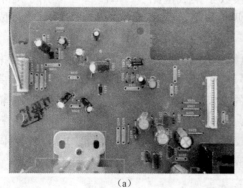

(a)

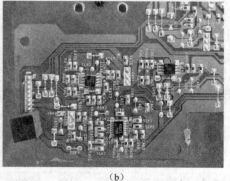

(b)

图 1-14　卡拉 OK 电路放大部分

第 1 单元　激光数字视听产品的结构特点和维修技能

在 VCD751 中，射频调制器、音/视频输出电路、电源电路及卡拉 OK 电路的一部分分布在一块电路板上，如图 1-15 所示为它们的分布示意图。

音频信号和视频信号送到射频调制器中，如图 1-16 所示 VCD751 的射频调制器。音频、视频信号在射频调制器中调制成射频信号，此信号可以直接送到彩色电视机天线输入端，通过彩色电视机收看 VCD 机的节目。

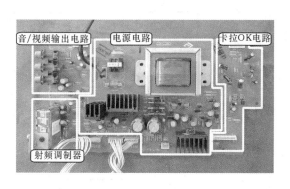 

图 1-15　VCD751 的电源电路的安装位置图　　图 1-16　VCD751 的射频调制器

还可以输出 A/V 信号，如图 1-17 所示的是 A/V（音/视频）信号输出电路。

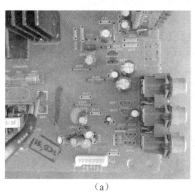 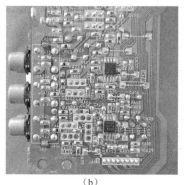

(a)　　　　　　　　　　　　(b)

图 1-17　A/V 信号输出电路

具有卡拉 OK 功能的 VCD 机，两个话筒信号进行放大后，送到卡拉 OK 电路中与光盘上的伴音信号合成，使话筒输入的信号和 VCD 光盘上的音频信号同时在扬声器中播放出来。

A/V 解码电路在对音频和视频数据进行解压缩的过程中需要将一些数据信号暂存起来；因此，这些信号经存储器接口电路与 SRAM 和 RAM 相连，进行数据的存取。

A/V 解码电路也设有 CPU 接口，以便与微处理器 P87C54 进行信息传递，接受微处理器的控制。该微处理器用于控制解码过程和相关的电路。

5. 系统控制电路的结构特点

系统控制电路是一个以微处理器为核心的自动控制电路。VCD751 的系统控制电路主要是由主控微处理器 OM5284、操作电路、多功能显示器，以及加载驱动机构、机械状态检测开关等部分构成的。OM5284 安装在伺服预放电路板上，如图 1-10 所示。

1.1.3 CD/VCD 机的信号处理过程

1. 光盘信息的记录和读取过程

光盘信息的记录和读取过程如图 1-18 所示。

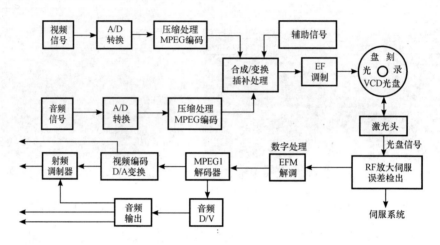

图 1-18 光盘信息的记录与读取过程

光盘信息记录时,将表示信息的脉冲信号变成光盘上的坑槽(或等效坑槽),而播放的过程则是读取光盘信息的过程。不同的光盘(CD、VCD)在记录前的信号处理方法是不同的,因而不同的光盘在读取后的还原处理也是不同的。不论是何种光盘,都是利用激光头来拾取光盘信息的。首先进行伺服预放处理,放大激光头输出的信息,同时将聚焦误差和循迹误差信号检出。然后在数字信号处理电路中进行 EFM 解调、去交叉交织、纠错等处理,然后在 A/V 解码电路中进行解压缩处理。最后视频信号经解码和 D/A 变换后变成模拟信号输出,音频信号经 D/A 变换和卡拉 OK 电路处理后也变成模拟信号输出。

2. 数字信号的提取及处理

下面以 VCD-970A 为例,介绍 VCD 机的工作流程。图 1-19 所示为该机的电路方框图。VCD-970A 的激光头组件采用的是飞利浦全息光学方式,其中设有 5 个光敏二极管 D1~D5。当播放 VCD 光盘时,5 个光敏二极管的输出分别送到伺服预放电路 U18(TDA1302)中。5 个光敏二极管的信号在 U18 中分别进行放大,并取中心的 3 个光敏二极管 D2、D3、D4 输出信号之和为 RF 信号,由 U18 的 ⑨ 脚输出 RF 信号,然后送到数字信号处理电路 U16(SAA7345)中进行数字处理。由 U18 的 ⑩ 脚输出的 RF 信号送到 RF 包络检测电路中,该电路的输出信号送到 U15 中。RF 信号在 DSP 中进行 EFM 解调、去交叉交织处理和纠错处理,然后由 ⑲~㉑ 脚输出数据、左右时钟和位时钟信号,送往音频、视频解压缩电路。

第1单元 激光数字视听产品的结构特点和维修技能

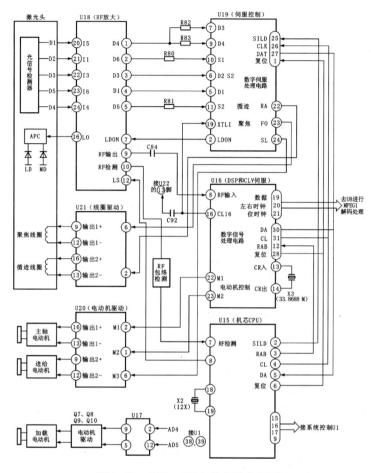

图 1-19 VCD-970A 的电路方框图

3. 伺服信号的处理

记录到光盘上的信息是由光盘上从内圆到外圆螺旋形排列的一系列坑槽表示的。光盘旋转时，激光头发出的光束必须准确地投射到光盘的信息纹上，而且激光束的聚焦点必须在光盘的信息面上，这样激光头才能正确地读出光盘上所记录的信息。

伺服电路的主要作用是通过检测聚焦误差和循迹误差来自动控制激光头中的聚焦线圈和循迹线圈，使激光束不偏离光盘上的信息纹，因此，只有伺服系统正常工作，才能保证激光头正确地读取光盘上的信息。

在光盘旋转时，由于机械误差和光盘定位间隙的存在会使光盘不可避免地出现较大幅度的偏摆现象，因此，在伺服电路中会设有聚焦误差和循迹误差的检测和处理电路。

伺服电路通过对误差的检测和处理，形成聚焦线圈和循迹线圈的控制信号，此信号送到驱动电路中，由驱动电路转换成驱动线圈的电流。当机器工作时，光盘与激光头之间不断地出现误差，伺服电路就会不断地将误差转换成驱动电流去驱动线圈。聚焦线圈和循迹线圈是与激光头组件的物镜制作在一起的，如图 1-20 所示。线圈在磁场中移动就可以纠正光盘与激光头之间出现的误差。误差不断地产生，伺服电路不断地产生控制信号，这样就构成了一个动态的自动控制环路，误差被控制在允许的范围之内，伺服系统就处于同步锁定的状态。

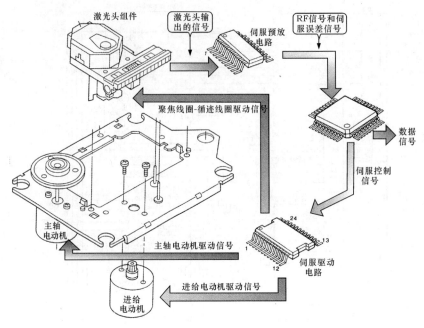

图 1-20　激光头和伺服电路

  光盘是由主轴电动机驱动旋转的，激光头组件在读取光盘上的信息时，要求光盘信息纹与激光头组件之间的相对运动有一个恒定的线速度。这样，就要求在播放光盘上的信息时，光盘的角速度必须是变化的。在播放光盘上信息的过程中，激光头组件在进给电动机的驱动下由内圆向外圆移动。激光头组件的移动与主轴电动机的驱动有一定的关系，即光盘每旋转一周，进给机构就使激光头组件向外移动一个信息纹的间隔（约 $1.6\mu m$）。为了实现上述运动，伺服系统中还设有主轴电动机伺服电路和进给电动机伺服电路。

  主轴电动机伺服电路的功能是通过对光盘输出信息中同步信号的检测来获得误差信号，再将同步信号的误差转换成驱动控制信号，改变主轴电动机的转矩，从而实现旋转误差的纠正。

  进给电动机的驱动是由伺服电路根据系统控制电路的指令进行控制的。进给电动机驱使激光头的移动是与主轴电动机协调一致的。

  如图 1-19 所示，VCD-970A 的伺服处理电路是 U19（TDA1301），激光头中光敏二极管 D1~D5 的信号经 U18（TDA1302）放大后分别送到 U19（TDA1301）中，在 U19（TDA1301）中取 D2-D3 的值作为聚焦误差信号。经数字伺服处理后转换成聚焦线圈的控制信号，由 U19 ㉓脚输出聚焦线圈控制信号，再经 U21（TDA7073）放大后去驱动聚焦线圈。

  在 U19（TDA1301）中取 D1-D5 的值作为循迹误差信号，经数字处理后分别形成循迹线圈控制信号和进给电动机控制信号由 U19㉒脚输出循迹控制信号，再经 U21（TDA7073）放大后，去驱动循迹线圈，由 U19㉔脚输出进给电动机控制信号，再经 U20（TDA7073）放大后去驱动进给电动机。

  主轴电动机伺服是在数字信号处理电路 U16（SAA7345）之中，在 CD-DSP 电路中通过对同步信号的检测得到主轴电动机的转动误差，经主轴伺服处理后转换成主轴电动机的驱动信号由 U16㉒、㉓脚输出，经伺服驱动电路 U20（TDA7073）放大后去驱动主轴电动机。

第1单元　激光数字视听产品的结构特点和维修技能

在 U18（TDA1302）中还设有激光二极管供电电路（APC），由 U19（TDA1301）②脚的信号加到 U18（TDA1302）的⑦脚、⑯脚输出电压控制信号，为激光二极管供电。设在激光头中的激光功率检测二极管的检测信号反馈到 U18（TDA1302）的⑰脚，⑭脚设有反馈微调电位器，可微调给激光二极管的供电电流。

4. 音频、视频信号的解码处理

音频、视频解压电路是将 VCD 机的数字信号处理电路（DSP）输出的数字音频、视频信号，进行解压缩处理，最后还原出模拟的音频、视频信号。

VCD-970A 的解码芯片采用 OTI-207（U8），解压缩处理和视频编码电路如图 1-21 所示。来自 CD 机机芯 DSP 电路的数字信号分别为数据（SDATA）、位时钟（BCK）和 LR 时钟（LRCLK），此外还有误差标志信号 C2PO 和预加重标志信号。经解压缩处理后视频数字信号送到视频编码器 BT866，视频数字信号是一种数字分量信号，分量信号是由亮度分量（Y）和色差分量（U/V）组成的，即 P1XD〔15∶0〕，此外还有行/场同步信号和时钟信号。

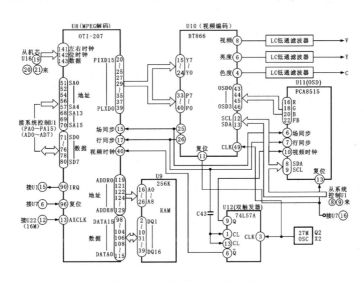

图 1-21　视频信号处理电路

数字视频信号在 BT866（U10）中进行编码，然后再经 D/A 转换器输出视频模拟信号，即复合视频信号和亮度、色度信号。

U11 为屏上显示电路，它在系统控制微处理器（U1）的控制下产生字符信号，然后送到视频编码电路中，并可以叠加到视频信号中去。

MPEG 解压缩处理电路对音频信号解码后，由 U8 的⑨、⑩、⑫脚输出数字音频信号。经解压处理后的音频数字信号经音频接口电路送到卡拉 OK 数字处理电路 U22（YSS216B），音频数字信号在 U22（YSS216B）中进行音频 D/A 变换，将数字音频信号还原成原来的模拟音频信号，还原后的模拟音频信号便送到输出电路板进行输出。在输出电路板上设有滤波电路和混合电路，它将 MIC（话筒）信号放大后送到 YSS216B 中形成回音信号，与 D/A 变换器输出的光盘伴音混合形成具有卡拉 OK 效果的音频信号，混合后的音频信号经 U5 输出，音频信号处理电路的方框图如图 1-22 所示。

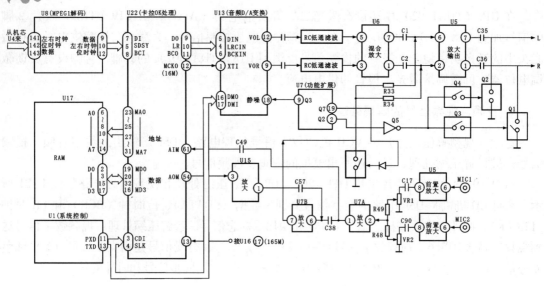

图 1-22 音频信号处理电路的方框图

VCD 的数字信号是按照帧编码的格式来编制的。所谓帧编码就是将图像的数据和伴音数据分成许多小段，在每一段数据段的前面加上同步信号，在每一段数据段的后面加上代表播放时间的分秒信号（称为 Q 子码）和用于纠错的编码，这样就构成了一个完整的数据帧。许多这样的数据帧就组成一个数据包，由于图像数据量比伴音数据量大，故将十多个图像包搭配一个声音数据包。为了区别数据包的性质，在数据包的前面还加有识别用的编码，此编码被称为标头或头码。VCD 的数据就是这样一段一段地记录在光盘上的。

数字信号处理电路的作用是把数据串帧编码中不同内容的数据取出来，例如，把同步头提取出来送到主轴伺服电路中；把代表时间的子码信息提取出来送给 CPU，为 CPU 提供播放信息（同时也送到面板上的显示板上进行曲目和分秒显示）；并将代表声音和图像的数据分离出来送到 MPEG 解码电路。由于数据是按帧编码一段一段地传送的，所以需要使用存储器（SRAM）把数据积累起来再连续读出，成为连贯的数据。

当播放 CD 光盘时，帧编码中只有音频数字信号，此信号经数据开关直接送到音频 D/A 变换器中，将数字信号变为模拟信号，经音频放大后送到喇叭中变为声波。当播放 VCD 光盘时，DSP 输出的是 MPEG 数据包，送到 MPEG 解码器后，首先进行系统解码，即解码器先对数据包的标头码进行识别，判明是图像数据还是声音数据，再按类分别送到解码器中的图像解码器或声音解码器中。

图像解码器按照 MPEG 编码的规则，先从数据包中寻找信息量最大的画面称为全帧图像或帧内画面（I 画面），它代表场景的背景和人物主体。I 画面解码是将编码时进行了帧内冗余压缩的内容重新恢复到压缩前的情况，成为完整的画面，并存入存储器中备用。再将相隔几幅的另一个 I 画面找出来并解码，然后再对这两个 I 画面之间的数个相邻画面（差图像）进行解码。这些画面是可以根据 I 图像进行预测的，其中有单向预测图像，被称为 P 画面；还有双向预测的图像，被称为 B 画面。这些可预测的图像中主体和背景图像数据都被压缩，只保留图像主体的运动矢量和位置参数。解码器中的运算器可以根据前后两个 I 画面的完整数据和 B、P 画面的移动参数，重新计算出 B、P 画面的全部数据，从而得出完整的

第1单元　激光数字视听产品的结构特点和维修技能

B、P 画面，也存入存储器中。由上可见，MPEG 编码和传送图像的前后顺序与真实播放顺序不同，是按 1，4，2，3，7，5，6，10，8，9……的顺序。那么如何保证播放时能有正确的顺序呢？在编码时，在每帧图像数据的头码中就编有代表播放时序的演示时标（PTS），不仅图像有，与该图像同时的声音数据也有相同的 PTS。在播放时，控制微处理器就会按照 PTS 的时间顺序在缓冲存储器中将相同 PTS 的图像和声音读出，并同时播放，这样既保证了播出的顺序正确，不会因编码时次序颠倒而产生混乱，并且保证了声音和图像之间的同步。

5. CD/VCD 机的系统控制电路

VCD 机是在控制电路的指挥下进行工作的，而控制电路是以微处理器为核心的自动控制电路，它在工作时接收人工操作键的指令（包括遥控指令），然后对 VCD 机的机芯和电路进行控制。微处理器的控制方框图如图 1-23 所示。

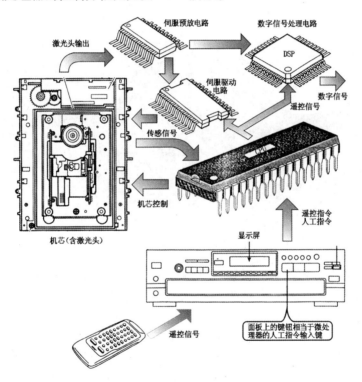

图 1-23　微处理器的控制方框图

例如，VCD 机进行工作时，先要装入光盘。按下装卸光盘键（OPEN/CLOSE），键控信息就送入微处理器，微处理器识别键控信息后，输出驱动信号到加载电动机驱动电路中，使加载电动机旋转，将光盘托架送出机仓。装上光盘后，再按 OPEN/CLOSE 键，微处理器便会使加载电动机反转，将光盘托架送入仓内，并处于工作等待状态。

操作播放键（PLAY），微处理器收到并识别这个键控指令后，根据微处理器内部的工作程序分别输出各种控制信号，使 VCD 机进入播放状态。在光盘装入之后，微处理器驱动进给电动机，使激光头组件向光盘的内圆初始位置移动；微处理器同时会发出激光二极管供电指令，使伺服电路中的激光二极管自动功率控制电路启动，为激光二极管供电。微处理器输出聚焦搜索指令，使聚焦伺服电路输出三角波电流，驱动聚焦镜头上下移动，搜索光盘。

搜索到光盘后，激光头组件开始读取光盘信息。在光盘信息纹的起始处读取到光盘的目录信号（TOC），并将目录信号送回微处理器。微处理器输出字符信号（V-CD）并显示在多功能显示屏上，同时将字符信号送到视频信号中，显示在电视机的屏幕上，或将光盘的规格内容显示出来（菜单）。这时VCD机便进入播放状态，用户可选择节目序号，或从头开始播放，主导轴电动机正常旋转，VCD机立即进入播放状态。在这个过程中有很多电路和机构进行协同动作，任何一个环节出现故障均会使VCD机自动停机，不能进入工作状态。当出现不能工作的故障时，仔细观察VCD机的初始阶段的工作过程，可以大体判断故障的范围。

VCD机机芯中设有一些开关和传感器，用于为微处理器提供各种工作状态的信息，这些信息都是微处理器进一步下达指令的依据。例如，在激光头组件的运行轨道上设有位置检测开关，如图1-24所示。当激光头到达光盘内圆目录信号位置时开关动作，此开关信号送回控制电路中，进给动作立刻停止并进行光盘搜索。开始播放时，便向反方向运动。

（a）进给开关断开　　　　　　　　（b）进给开关闭合（激光头到达初始位置）

图1-24　激光头组件的位置检测开关的两种状态

加载机构上有类似录像机的机械状态检测开关，用于表示机芯的工作状态（如加载到位、出盘状态和进入播放状态），这些信息均送给控制微处理器。这些开关信号不正常会引起光盘装卸不正常，整机也不会正常工作，甚至还会损坏某些零部件。

整个VCD-970AV CD/DVD机有一个系统控制微处理器80C32（U1），它可以接收来自操作电路的人工指令和遥控信息，然后根据内部存储器的程序对整个VCD机进行控制，加载机构、伺服系统、数字信号处理电路、解压缩电路及卡拉OK电路都受系统控制微处理器统一指挥。

VCD机的控制过程可以分为伺服控制和功能操作控制。前者是播放过程中为保证正常播放的自动控制，而后者是为了实现某种操作功能的控制。

伺服控制包括激光头的聚焦，循迹和主轴的恒线速（CLV）控制，它们由数字信号处理电路SAA7345和伺服信号处理电路TDA1301自动配合完成，以保证VCD盘片正常播放。例如，聚焦控制电路始终保证激光头组件与盘片的距离恒定不变，当盘片旋转略有翘曲时，激光头组件能自动上下浮动，始终保证聚焦最佳；随着播放时间的变化，激光的照射点应随着坑点轨迹半径增大，慢慢地从盘片内圆移向外圆，循迹电路会不断地检查激光照射点的位置是否始终与盘片坑点信息纹对准，并输出驱动电压使进给电动机不断旋转，保证激光头能跟

第1单元　激光数字视听产品的结构特点和维修技能

踪坑点轨迹从内圆移向外圆。主轴恒线速电路能够不断地将数字信号处理电路取出的帧编码同步头与基准信号相比较，检查盘片转动线速度是否恒定，当盘片旋转速度不符合要求时，同步头的频率就会与标准频率发生差异，比较电路就会产生误差电压去改变主轴驱动电动机的转速，使之合乎要求。这样保证激光头从内圆移向外圆时，主轴转速不断变慢，从而使激光照射点处的线速度恒定不变。

播放功能的控制与伺服的控制截然不同，播放功能的控制是为了某种观看需要而使用遥控器或面板按键所进行的控制。当控制指令发出后，机器会根据设计好的预定程序进行一定步骤的控制，满足观察者的需要。另外，盘片本身也带有某些控制信息，可以指挥机器按照盘片要求运作，满足播放内容的需要，如高清晰度静止画面的播放。以上播放功能的控制则随机种设计而异，不同的设计有不同的播放功能，代表不同的使用方便性，满足观察者不同程度的功能需求。

例如，当按下"播放"键后，激光头组件即从内圆循迹移向外圆，激光头不断识读盘片坑点所录制的信息，经 DSP 处理及解码后，分别输出图像和伴音信号送到电视机上，供观看欣赏。机器本身只进行伺服控制，保证正常播放，DSP 输出的子码信息不断地让荧光显示屏显示出逐秒增加的分秒计时，直至节目播放完毕。这是最基本的必备的功能。

当需要跳过目前的内容去观看以后的内容时，则可按下"快进"键。此时微处理器发出控制指令，输出一个跳变脉冲给进给电动机，使之加速旋转，激光头则从目前位置跳变到十多条或更多根声迹之外，然后开始正常速度移动，继续读数据。此时会发生声音和图像的突跳现象，但突跳后仍然保持播放状态，显示器上的秒计数也会突然增加 5~8s。若再按下快进键则重复以上操作。一次跳变的具体秒数因机型而异（"快退"与此基本相同，仅方向不同而已）。这是一种小范围的节目内容查寻操作，但不能用来寻找某一需要的场景，因为速度太慢，而且连续地跳轨，很容易使跟踪丢失而造成停机。

当按下"暂停"键，激光头组件立即停止不动，当然也不再读取数据，此时前一帧读取的数据仍然进行解码处理，屏幕上显示一帧固定的图像，声音由于没有数据输入而停止播放。

【知识链接】　CD 光盘的结构和数据信息内容

1. CD 光盘的数据结构

CD 机是发展较早、技术最成熟、普及最广的产品，后来开发的一系列激光产品大都继承了 CD 机成熟的技术。

CD 光盘的结构如图 1-25 所示，它是记录音频信号的光盘，在光盘上以细长形的坑排列成螺旋线形，从内圆一圈一圈的延伸到外圆。内圆开始部分被称为导入区，即记录目录信号的位置（从始至终的曲目，每个曲目的时间）。从内圆到外圆的整个盘面是记录音频信号的节目区，可记录多首歌曲。最外圆是导出区，记录结束信息，即表示最后一段曲子结束的信息。

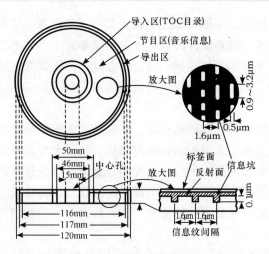

图 1-25 CD 光盘的结构

CD 光盘上的信息内容如图 1-26 所示,记录到光盘上的音频数字信号被分割成组,称为帧。节目是由很多帧组成的,每一帧的开头有一组同步信号,然后是子码(控制信息),接着才是表示节目内容的数据信号和纠错码。这样编排是为了在播放时进行识别处理,以及错误纠正,确保信号正确。子码中的内容是曲目开始的时间和帧数等。

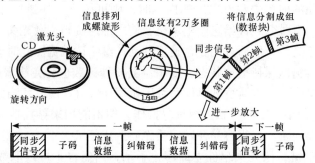

图 1-26 CD 光盘上的信息内容

图 1-27 是 CD 盘的剖面图和信息坑的排列示意图。从图 1-27 可见,CD 盘上的信息坑宽约 $0.5\mu m$、高度 $0.1\mu m$。根据信息内容,信息坑的长度和间隔是可变的。最小的信息坑长度为 3T(T 为 1 个信息码的长度),最大为 11T。信息坑排列成螺旋形,纹间的距离为 $1.6\mu m$。

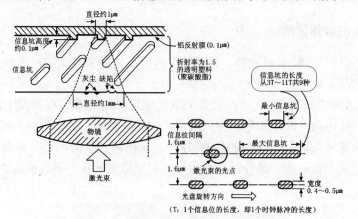

图 1-27 CD 盘的剖面和信息坑的排列示意图

第1单元 激光数字视听产品的结构特点和维修技能

时钟脉冲的频率为 4.3218MHz，线速度为 1.25m/s。$T = 1.25 \div (4.3218 \times 10^6) \approx 0.2892\mu m$。信息坑长 3T 相当于 $0.2892 \times 3 = 0.8677\mu m$，近似 $0.9\mu m$；11T 相当于 $0.2892 \times 11 = 3.1815\mu m$，近似于 $3.2\mu m$。

光盘上导入区＋节目区＋导出区（径向距离）＝35.5mm。信息纹总数为 $35.5 \times 10^{-3} \div (1.6 \times 10^{-6}) = 22188$ 条。1mm 内有 625 条信息纹。

从光盘截面图来看，从上往下看信息标记是坑，从下往上看信息标记则是一个一个的岛（凸起），读取光盘信息的激光束是从下向上投射的。数字信号的内容是由光盘上坑（岛）的长度和间隔来表示的。

读取光盘上的信息时，激光束经物镜聚焦。然后再射到信息坑的反射面上。聚焦点的直径约为 $1\mu m$。

在光盘盘面上激光束的直径约为 1mm，因为光盘的厚度约为 1.2mm。也就是说在光盘盘面上直径 1mm 的光点聚焦后在信息面上是 $1\mu m$。其光点的面积缩小了一百万分之一，如果在盘面上有灰尘、划伤、污物等情况，它所产生的影响也仅仅是一百万分之一。

2. 数字音频信号的特点

记录在 CD 光盘上的信息全部都是数字信号，它与模拟录音机记录在磁带的信号是完全不同的。模拟信号记录到 CD 光盘上要变成数字信号，其变换过程如图 1-28 所示。

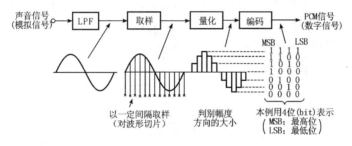

图 1-28 数字处理方法

图中模拟信号经低通滤波器（LPF），滤除音频以外的干扰，一般音频信号都在 20kHz 以下。然后对模拟信号进行取样，取样就是以一定的时间间隔（周期）对模拟信号进行切片测量。取样频率通常为音频信号最高频率的 2 倍以上，在这里取样频率选 44.1kHz。

取样后是量化。所谓量化，简单地说就是测量一下每个取样点的值。如果是 16 位 PCM，即将信号幅度分成 2^{16} 级（$2^{16}=65536$）。最后将量化的数字进行编码，即将量化的数变成 16 位的"1"和"0"二进制信号。这种数字信号被称为 PCM（Pulse Code Modulation，脉冲编码调制）信号。

模拟音频信号变成的 16 位 PCM 信号被称为数据信号，在记录到光盘上之前还要进一步的处理。如图 1-29 所示，16 位信号先分成上下各 8 位，这个以 8 位为单元的数据被称为字节。这样在一个取样周期内左声道和右声道各为 2 字节共为 4 字节。

数字信号的记录与模拟信号不同，在记录数字信号时还要加入很多的辅助信号。例如，上述的模拟信号变成数字信号以后，再将同步信号、连接信号、子码信号、误差校正信号（纠错）合成在一起构成一帧。一帧的长度是固定的。一个节目要由很多的帧构成，然后再记录到光盘上。图 1-30 就是一帧信号的内容。

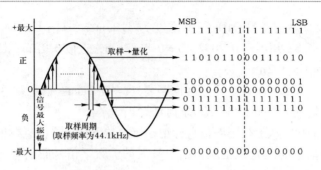

图 1-29　模拟信号与数字信号的关系

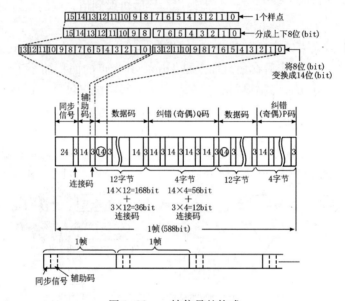

图 1-30　一帧信号的构成

从图 1-30 可见，同步信号为 24 位（bit），连接信号为 3 位，其他信号都为 8 位。

如果按 8 位数字编码的信号进行记录会有很多的问题。例如，信号的某一数值为 1000000000000000，1 后有 15 个 0。在光盘信息纹上有很长的一段平面没有坑，这样在读取光盘信息时，就失去跟踪目标，无法循迹。而另一些数值为 0111111111111111，有一连串的"1"，在刻制信息坑时无法实现。因为"1"用坑的边棱表示，"0"用平面表示。两个"1"之间必须有 0，但 0 的数又不能超过 10 个，归在两个 0 到十个 0 之间。这样 8 位的编码信号中有很多不能使用。为了克服这个困难，将 8 位转换成 14 位信号，即从 14 位的编码信号中选出 256 种符合上述要求的编码，代替原来的 8 位信号，这种变换被称为 8-14bit 调制 EFM（Eight Fourteen Modulation）。

一帧信号的内容如下：

- 同步信号 24bit + 3bit = 27bit
- 子码信号 14bit + 3bit = 17bit
- 音频数据 [(14×12)bit + (3×12)bit] ×2 = 408bit
- 误码校正信号 [(14×4)bit + (3×4)bit] ×2 = 136bit
- 合计 588bit

任务1.2 维修激光数码机（CD/VCD机）的综合实训

1.2.1 维修激光头的技能实训演练

1. 激光头及相关电路的结构

图 1-31 所示为典型 CD/VCD 机的激光头及信息读取电路的结构。CD/VCD 机开始工作时，微处理器将启动控制信号送到驱动激光二极管的自动功率控制电路中，于是有电流流过激光二极管，使之发射激光束，激光束经激光头中的光学系统后照射到光盘上。为了使激光头所发射的激光束强度稳定，在激光二极管组件中设有激光功率检测二极管。这个二极管就是一只与激光二极管制作在一起的光敏二极管，它将检测到的激光功率强弱信号反馈到自动功率控制（APC）电路中，这个负反馈环路可以自动稳定激光二极管的发光功率。由光盘反射回来的激光束又进入激光头，经透镜、反射镜、柱面透镜等投射到光敏二极管组件上，它在检测声像信息的同时还可以检测出聚焦误差。由于光盘在旋转过程中有随机的偏摆现象，这样会使激光束的聚焦点偏离光盘上的信息面，造成信息不能正确地拾取。伺服电路可以利用聚焦误差去控制聚焦镜头，使之自动跟随盘面的变化。

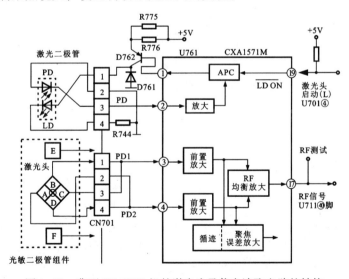

图 1-31 典型 CD/VCD 机的激光头及信息读取电路的结构

由于光盘上的信息纹是由内圆向外圆呈螺旋形排列的，所以光盘旋转时激光头在进给电动机的驱动下由内向外水平移动。为使激光束准确地跟踪信息纹，在光敏二极管组件中专门设有两个光敏二极管来检测循迹误差，循迹伺服电路利用这个误差信号去控制激光头的循迹线圈，从而达到激光束跟踪信息纹的要求。

CD/VCD 机装入光盘后，激光头在进给电动机的驱动下先移动到光盘信息的起始位置，这个位置又称目录信号记录的位置，或称导引信号的位置。到达指定位置后应有激光束从激光头的物镜中发射出来，即使不装光盘，激光头也有这个动作。

激光头读出目录信息之后便处于准备状态，一旦操作 CD/VCD 机的曲目选择键，它就立即进入播放状态。

从图 1-31 中可见，激光头中光敏二极管 A、C 输出信号之和送到预放电路的③脚，B、D 输出信号之和送到预放电路的④脚，分别经放大后送到加法器形成 A+B+C+D 的和信号，也就是 RF 信号，其中包含音频和视频的数据信号，此信号是从光盘上读取的主要信号，将它送到数字信号处理电路和解压缩处理电路中就可以将音频、视频及辅助信号提取出来。③脚和④脚的信号经放大后相减，就可以得到聚焦误差信号，此信号送到伺服电路中经处理后就可以形成驱动聚焦线圈的控制信号。

激光头中光敏二极管 E、F 的输出信号经放大后相减，就可以得到循迹误差信号，此信号经伺服电路处理后就可以形成循迹线圈和进给电动机的控制信号。

激光二极管是发射激光束的光源，在正常工作时激光束要求有一个恒定的强度，当激光二极管老化时其发光强度会减弱，而供电电流减小时也有同样的现象。DVD 机为了保持激光二极管有一个恒定的发光强度，在激光二极管的供电电路中设计了一个自动功率控制电路（APC 电路），其结构如图 1-32 所示。

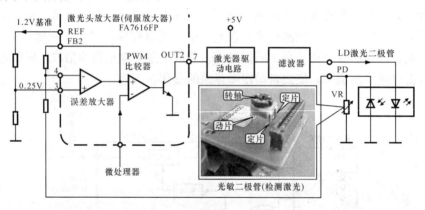

图 1-32 APC 电路

从图 1-32 可见，激光二极管的供电电压是由 +5V 电源经过开关和滤波器提供的。激光头放大器 FA7616FP 为激光二极管提供工作电流，其⑦脚内的晶体管受 PWM 比较器的控制，误差放大器启动时由微处理器送来控制信号。光敏二极管安装在激光二极管（LD）的旁边，用于检测激光二极管所发射的激光的强弱，将激光的强弱信号转换成光敏电流，该电流反馈到误差放大器的反相输入端④脚，构成一个负反馈环路，这样就可以自动控制激光二极管的发光强度。

当激光较强时，电路会减少供电量；激光较弱时，电路会加大供电量。如果激光二极管的发光效率降低，可以微调负反馈电路中的电位器 VR，即降低负反馈量以提高供电电压，如图 1-33 所示。

图 1-33 微调电位器

第1单元 激光数字视听产品的结构特点和维修技能

2. 维修典型激光头的实训

实训案例1：索尼系列激光头的检修

（1）索尼系列激光头的基本结构

如图1-34所示，索尼系列激光头的整体结构，由光盘座、光盘驱动电动机、激光头、进给驱动齿轮、进给电动机等部件组成。

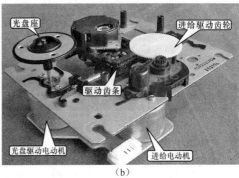

(a) (b)

图1-34 激光头和机芯的结构

索尼系列的激光头采用的是三光束激光头，其结构如图1-35所示，主要由物镜、聚焦线圈、循迹线圈、磁铁、激光组件及电路连接板组成。

(a) 激光头的光学部分　　(b) 激光头的激光二极管和光敏二极管组件

图1-35 索尼机芯的激光头

如图1-36所示，激光头的物镜粘接在塑料支架上，支架与塑料悬臂连接在一起，激光头在进给电动机的驱动下可沿着导轨作水平进给动作。

聚焦机构由聚焦线圈和永久磁铁组成，如图1-37所示，当聚焦线圈中有电流时，产生的磁场与磁铁的磁场相互作用，产生推力，使塑料悬臂向上或向下移动，并通过塑料支架带动物镜向上或向下移动，实现聚焦功能。

图1-36　激光头物镜和线圈的结构

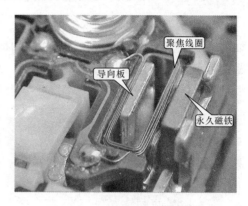

图1-37　聚焦线圈及导向机构

图1-38　循迹线圈及支撑机构

循迹机构由循迹线圈和永久磁铁组成，如图1-38所示，其工作原理与聚焦机构一样，由于安装位置与聚焦机构呈垂直状态，故产生的推力使塑料悬臂向左或向右（平行于纸面）移动，并通过塑料支架带动物镜向左或向右移动，实现循迹功能。

激光头进给机构由进给电动机、驱动齿轮、齿条和导向轴等部分构成，如图1-39所示，进给电动机旋转时，经传动齿轮驱动激光头，使激光头沿导轴作水平移动，如果有卡死或错齿情况发生，应及时检测齿轮组件。

激光头初始位置检测开关，如图1-40所示。在播放光盘时，激光头先移动到光盘的内圆，即信息纹的起始位置，搜索光盘并读取目录信号，读完目录信号后便等待播放指令。在进给机构中设有激光头初始位置检测开关，当激光头运动到初始位置时，开关动作，停止进给运动，开始搜索光盘，读取目录信息。

图1-39　激光头进给机构

图1-40　激光头位置检测开关

第 1 单元　激光数字视听产品的结构特点和维修技能

初始位置检测开关的位置正好就是光盘目录信息的位置，进给机构将激光头移动到初始位置时，位置检测开关就会接通，并将该信息传送给 CPU，CPU 则输出指令使进给机构停止运转。用户操作播放键后，CPU 下达进给指令，激光头作平行移动开始读取光盘信息。激光头离开初始位置，初始位置检测开关又恢复成断开状态，如图 1-41 所示。如果开关失常，就会使激光头找不到光盘初始位置，功能失常。

图 1-41　激光头与位置检测开关的位置关系

激光二极管是激光头的核心部件。它有 3 个引脚，通过软排线与连接插件相连，其结构如图 1-42 所示，三光束激光头的激光二极管，作为读取光盘信息的光源，具有单一的波长，而且在较长时间里保持频率和幅度的稳定性的特性。

激光二极管发射的激光束要经过半反射镜和透镜才能照射到光盘上，半反射镜被安装在激光头内部，被一个固定卡片固定着，如图 1-43 所示。

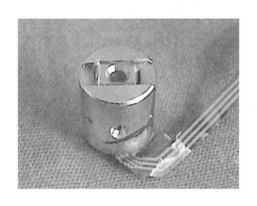
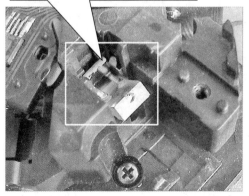

图 1-42　激光二极管　　　　　图 1-43　激光头中的半反射镜

光敏二极管组件是检测激光头信息的器件，其结构如图 1-44 所示，光敏二极管组件中包括了放大器。反射回来的光经过它的检测，就可以由光信号转变成电信号并经引线输出。

激光头的输出信号要送到伺服预放电路，同时伺服预放电路还要为激光头的激光二极管提供驱动电流，为聚焦线圈提供聚焦电压，为循迹线圈提供循迹电压。这些信号通过连接电路板上的插件将其引出去。连接电路板如图 1-45 所示。

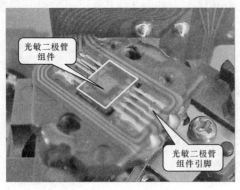

图 1-44　光敏二极管组件　　　　　图 1-45　电路连接板和激光二极管电流调整电位器

电路连接板上的激光头输出插座有 16 个引脚，通过这些引脚与伺服电路板相连，激光头输出插座引脚从左往右为①~⑯，每个引脚的功能如表 1-1 所示。

表 1-1　激光头输出插座引脚功能

引脚	功　　能
①	+2V
②	+5V
③	光敏二极管 E 输出
④	光敏二极管 D 输出
⑤	光敏二极管 A 输出
⑥	光敏二极管 B 输出
⑦	光敏二极管 C 输出
⑧	光敏二极管 F 输出
⑨	接地
⑩	激光二极管
⑪	激光二极管功率调整电位器
⑫	激光二极管中的 PD 管
⑬、⑯	循迹线圈
⑭、⑮	聚焦线圈

从图 1-45 中可以看到，在电路连接板上除了插件还有一个电位器，这个电位器是激光头功率调整电位器。如果激光二极管老化，发光功率就会下降，造成读盘不正常，此时可以通过调整电位器增加供电电流。在激光头老化以后，将电位器调大，进行功率调整，但是一般情况下，不能调到最大状态，因为调到最大状态之后，激光二极管发射的激光束就会散焦，不能读盘了。

微调激光头功率调整电位器时，最好是在工作状态下，一边用示波器检测 RF 信号波形,一边微调电位器,直到使 RF 信号波形中的网眼最为清晰为止。

三光束激光头电路图,如图 1-46 所示。激光发射管用二极管符号表示,向外的箭头表示发射激光。用于激光功率控制的检测管实际上是个光敏接收二极管(MD),故也用二极管符号表示,向内的箭头表示接收激光。可调电阻一般接在激光功率检测二极管 MD 的电路中,调节 MD 的检测灵敏度,也就控制了供给激光二极管的工作电流,即控制了 VCD/DVD 机激光头发射激光功率的大小。

光敏接收器由 A、B、C、D、E、F 共 6 个光敏二极管构成。它们输出的 6 个电信号也分别用 A、B、C、D、E、F 表示。Vcc 是它们的工作电压,一般为 5V。不同厂商所使用的标识符号会略有不同。

激光头中都装有聚焦线圈和循迹线圈,在电路原理图中分别用线圈符号表示,并用 F_+、F_- 表示聚焦,T_+、T_- 表示循迹。

(2)索尼系列激光头的检修实训

将光盘放入 CD/VCD 机中,CD/VCD 机的显示屏显示"No_Disk"无盘状态,怀疑激光头出现故障,需要对其进行检修。

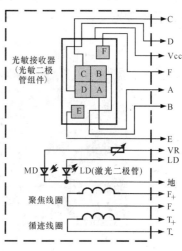

图 1-46 三光束激光头电路

由于激光头是由镜头、聚焦线圈、循迹线圈、磁铁、激光组件以及电路连接板等零部件组成,任何一个零部件出现故障都会引起 CD/VCD 机的显示屏显示"No_Disk"无盘状态,因而无法正确判断出到底是哪个部件出现损坏。故检测激光头可以使用排除法,即对激光头组件逐一检测,排除故障点。查找到有故障的零部件并对其进行检修。

① 物镜的检测

激光头物镜是用来发射激光束的,若物镜出现刮伤,会使激光束发射出现偏差,无法正确读取光盘上的信息,影碟机面板上的显示器会出现"No_Disk"状态表示没检测到光盘。这时应观察物镜表面,是否平滑完整,如图 1-47 所示。

图 1-47 观察激光头物镜

若在开机状态下观察激光头,切忌正视机光头,因为开始播放的时候,会有红色的激光束从物镜中射出,故观察时应斜视,以免伤害眼睛,如无激光射出,则激光二极管损坏,或是激光二极管供电电路有故障。

② 聚焦线圈的检测

聚焦机构是通过镜头的上下移动实现聚焦功能的,当聚焦线圈中有电流产生时,线圈会产生磁场,并与磁铁的磁场相互作用产生推力,使塑料悬臂向上或向下移动,进而带动塑料支架上的物镜向上或向下移动,实现聚焦功能。

若聚焦线圈出现故障,就无法实现聚焦调整,不能正确读取光盘上的信息,出现"No_Disk"状态。这时应检测聚焦线圈是否良好。

使用万用表检测聚焦线圈即可，一般情况下，使用指针万用表最佳，因为指针万用表检测聚焦线圈时，不但能检测出线圈的阻值，同时还能借助指针万用表中的电池，通过表笔给聚焦线圈提供电流，聚焦线圈有电流之后，就会产生垂直的运动，通过运动状态可以判别线圈是否正常。若是使用数字万用表只能检测出线圈的阻值，而无法提供聚焦线圈垂直运动的电流。

如图 1-48 所示，使用指针万用表检测激光头聚焦线圈，正常情况下的阻值为 7.0Ω 左右，整个激光头有上下移动的现象。

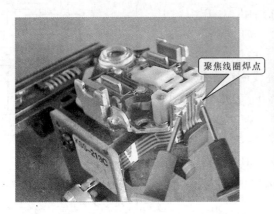

图 1-48　聚焦线圈的检测

③ 循迹线圈的检测

循迹机构的工作原理与聚焦机构一样，由于安装位置与聚焦机构呈垂直状态，故产生的推力使塑料悬臂向左或向右移动，并通过塑料支架带动物镜向左或向右移动，实现循迹功能。

若循迹线圈出现故障，VCD/DVD 机也会无法正确读取光盘上的信息，并出现"No_Disk"状态。这时应检测循迹线圈是否良好。

如图 1-49 所示，使用指针万用表检测激光头循迹线圈，正常情况下的阻值为 7.0Ω 左右，整个激光头有左右移动的现象。

图 1-49　循迹线圈的检测

④ 激光二极管的检测

激光二极管是反射激光束的部件，若激光二极管有故障，就没有激光束被发射，VCD/DVD 机更不可能实现读盘，显示屏出现"No_Disk"。

一般激光二极管有三个引脚：一个是激光二极管供电端 AL，一个是光敏二极管输出端 AP，一个是接地端 K，如图 1-50 所示。

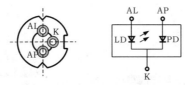

图 1-50　激光二极管引脚端

怀疑激光二极管有故障，首先应判断是激光二极管本身损坏，还是由于激光二极管老化而引起的故障。从结构图中可以看出激光二极管由两个二极管组成（发光二极管和光敏二极管），检测时分别检测两个二极管，然后根据二极管反向截止，正向导通的特性可判定是否良好。

检测激光二极管中的发光二极管可通过检测激光二极管供电端 AL 和接地端 K，如图 1-51 所示，激光二极管供电端 AL 和接地端 K 之间的阻值为 15kΩ 左右。

（a）反向截止

图 1-51　激光二极管中发光二极管的检测

(b) 正向截止

图1-51 激光二极管中发光二极管的检测（续）

检测激光二极管中的光敏二极管就是检测光敏二极管输出端AP和接地端K，如图1-52所示，光敏二极管输出端AP和接地端K之间的阻值为220kΩ左右。

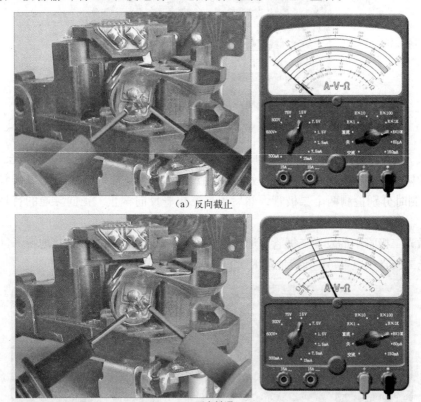

(a) 反向截止

(b) 正向导通

图1-52 激光二极管中光敏二极管的检测

若通过检测发现激光二极管本身没有故障，很可能就是由于激光二极管老化引起的激光束功率下降，无法正常读盘。此时可以通过调整激光头功率调整电位器改变电流功率，校正激光束。因为当激光头老化以后，可以将电位器稍微调大进行功率调整。但是在一般情况下，不能将电位器调到最大状态，若调到最大状态，激光二极管发射的激光束就散了，更不能正常读盘了。调整激光头功率调整电位器如图1-53所示。

激光头功率调整电位器的好坏，可以通过万用表检测来判断，一般的电位器有3个引脚和一个可转动旋钮，如图1-54所示。

图1-53　调整激光头功率调整电位器　　　　　图1-54　可调电位器的结构

用万用表检测可调电位器最大额定阻值，如图1-55所示，将万用表接到电位器两个定片上，此时检测到的应是该电位器的标称阻值约为3kΩ，若检测到的结果与标称阻值相差较大，说明该电位器有故障。

将万用表的两个表笔分别放在电位器的任意一个定片和动片上，此时旋转转轴，电位器的阻值会随转轴的转动在0～3kΩ（电位器最大额定阻值）之间变化，如图1-56所示。

图1-55　检测电位器最大额定阻值　　　　　图1-56　检测电位器阻值随动片的移动而变化

⑤光敏二极管组件（光检测器）的检测

用来检测从光盘反射回来的激光束的光敏二极管组件一般和放大器被制成集成电路，该集成电路由10个引脚构成，为了方便接下来的检测，将这10个引脚分别编号，如图1-57所示。

顺着线路的连接，可以判定⑨脚为接地端，将万用表的黑表笔接在接地端，红表笔分别检测其他引脚，将检测到的数值分别记录。之后，对调表笔，用红表笔接在接地端，黑表笔再分别检测其他引脚并记录数值，如图1-58所示。记录的数值如表1-2所示，若检测出的结果与之相差太大，则说明光敏组件有故障。

图1-57 光敏二极管和放大器

图1-58 光敏二极管的检测

表1-2 检测光敏二极管的数值

引脚	黑表笔接地	红表笔接地	引脚	黑表笔接地	红表笔接地
①	240Ω	无穷大	⑥	250Ω	无穷大
②	240Ω	无穷大	⑦	180Ω	无穷大
③			⑧	260Ω	无穷大
④	240Ω	无穷大	⑨	接地端	接地端
⑤	240Ω	无穷大	⑩	240Ω	无穷大

1.2.2 音频信号处理电路的检测实训

1. 音频信号处理电路的基本构成

VCD机音频信号处理电路的基本构成和信号流程如图1-59所示，这是新科VCD320的

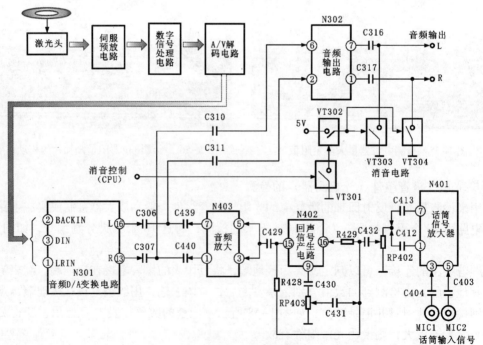

图1-59 VCD音频信号的处理过程及相关电路

第1单元 激光数字视听产品的结构特点和维修技能

电路方框图。记录在 VCD 光盘上的音频和视频数字信号是合成在一起的，因而从激光头读出的信息中既有音频信息，也包括视频图像信息的内容。由图可见，从激光头到音频、视频解码器，是音频信息和视频信息的共同通道。激光头输出的信息首先由 CXA2549 进行预放处理，然后在 CXD2545 中进行数字处理（DSP 电路）。CXD2545 对激光头输出的信号进行 EFM 解调和纠错等处理，然后将处理后的数字信号送到 A/V 解码电路 ES3210 中。ES3210 分别对音频和视频数据信号进行解压缩处理。音频信息经解压缩后，送到音频 D/A 转换器，将数字音频信号还原成模拟音频信号，再经低通滤波器分别将左声道和右声道的音频信号送到 VCD 机的输出端。DSP 电路和 A/V 解码电路已在前面做了详细介绍。

从图 1-59 可知，ES3210 输出的音频和视频信息分别送到各自的接口电路。视频信息分别是亮度信号、色度信号和复合视频信号，这种信号经滤波电路后即可送到输出插口和射频调制器。而音频信息仍然是数字信息，即串行数据信号（DATA）、位时钟信号（BCK）和 LR 分离时钟（LRCK）。这三种信号是以数字的形式代表了音频信息的全部内容。音频 D/A 转换器通常支撑一个独立的集成电路，完成数字信号转变成模拟信号的任务。在 VCD 机中常用的 D/A 转换集成电路有 PCM1710、PCM1715、PCM1717 和 PCM1725。这些集成电路的功能基本相同，但引脚功能有些不同。

（1）音频信号的解码处理

激光头的输出信号经伺服预放、DSP 数字信号处理后，将数字信号送到 A/V 解码电路中进行解压缩处理。数字信号在解码电路中先进行数据信号的预处理，然后进行数据分离，将视频数据送到视频解码电路，将音频数据送到音频解码电路，分别进行解压缩处理。

A/V 解码器的音频输出是解压缩后的数字信号，这个信号还要经音频 D/A 转换器才能变成模拟音频信号输出。

（2）音频 D/A 转换器

VCD 机 A/V 解码电路输出的音频数字信号可以直接送到音频 D/A 转换器中，音频 D/A 转换器的电路如图 1-60 所示，它主要是由串并变换器（S/P）、数字去加重、4 倍过取样电路、MASH 逻辑电路、LR 选择器、PWM 逻辑及低通滤波器等部分构成的。

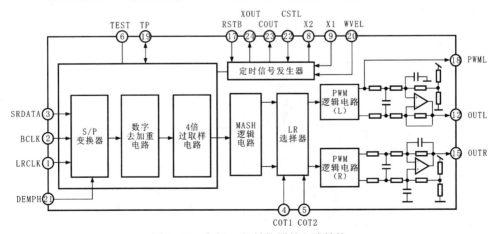

图 1-60 音频 D/A 转换器的电路结构

从图 1-60 可见，来自 A/V 解码电路的串行数字信号（SPDATA）、串行时钟信号（BCLK）和 LR 时钟信号（LRCK）首先送到串并变换器电路中，将串行的数字信号变成并行的数字信号,再经数字去加重电路和 4 倍过取样处理。数字信号的取样频率通常是 44.1kHz,音频信号的频率范围是 200.02~20kHz。为避免这两个信号的干扰,在电路中采用 4 倍过取样频率,44.1kHz×4=176.4kHz。

MASH 电路是"多级噪声整形技术"的电路,它是 Multi-Stage Noise Shaping 的缩写名称。

通常带负反馈的放大器,在增益大于 1 的频带内,若含有 3 次以上的极性反转,极容易产生自激,而带有数字负反馈的噪声整形也是这样,一旦进行 3 次以上的噪声整形,通常也会产生数字振荡。但用相同的超取样频率提高听力范围的 S/N,必须提高噪声整形次数。相反,要确保相同的 S/N,为了使用较低的超取样频率,也必须提高噪声整形次数。因此,为了构成多级噪声整形,开发了次数为 3 次、4 次、5 次或更多次数而且工作很稳定的方式,这就是 MASH 方式。

MASH 方式并不是像原先噪声整形那样,仅利用数字反馈来降低量化噪声的,而且同时使用负反馈(NFB)和前馈(FF)两项技术来减少量化噪声的一种噪声整形技术。

反馈是把一部分信号返回到前面去的一种手法。其中,使信号减弱的极性返回称负反馈(NFB);使信号增强的极性返回称正反馈(PFB)。与此相对的前馈(FF)则相反,它把一部分信号导向后面进行处理,这种手法把主回路产生的失真反相引出,以另一条回路送到后面,使它与主信号混合而消除失真。

因此,NFB 与 FF 有原则上的差别,NFB 是失真"压缩"技术;FF 是失真"消除"技术。对 NFB 来说,不论用多少量都不能使失真为零,而 FF 从原理上说可能做到失真为零。

D/A 变换器是将数字信号变成模拟信号的电路。目前,这部分电路也都制作在集成电路之中,在数字音频电路中多采用 1bit D/A 变换器。D/A 变换的方式有三种,第一种是普通电阻阶梯型,输出电压随输入数据变化。第二种是脉宽调制型,即 PWM 型。这种方法是用脉冲的宽窄代表模拟信号电平的高低。使用低通滤波器即可取得音频信号。多级噪声整形 1 位数字音频电路使用这种方法,如图 1-61 所示。第三种是脉冲持续时间调制方式,即

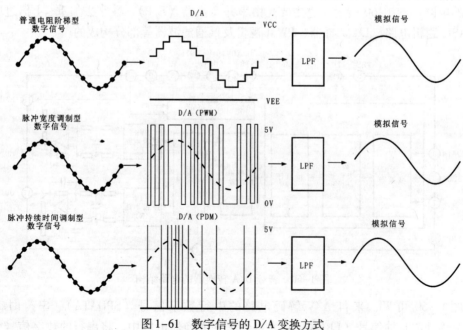

图 1-61 数字信号的 D/A 变换方式

PDM 型，就是用脉冲的持续时间表示模拟信号电平的高低。从信号波形可知，PWM 型和 PDM 型的数字信号只有 0 或 1，其输出信号只有低和高两种电平的数字音频电路就称为一位数字音频电路。

常用 D/A 变换器 PCM1725 和 PCM1715U 的电路方框图分别示于图 1-62 和图 1-63，PCM1715U 各引脚功能列于表 1-3。

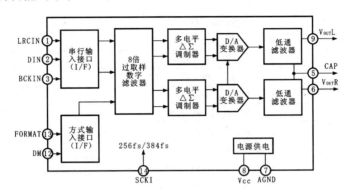

图 1-62 PCM1725（DAC）电路框图

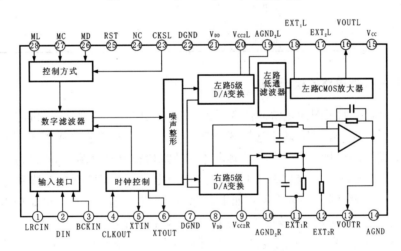

图 1-63 PCM1715U（DAC）电路框图

表 1-3 PCM1715U 各引脚功能

引脚号	名 称	功 能
1	LRCIN	取样时钟输入
2	DIN	数据输入
3	BCKIN	位时钟输入
4	CLKOUT	振荡器缓冲输出
5	XTIN	振荡器输入
6	XTOUT	振荡器输出
7	DGND	数字地
8	V_{DD}	数字电路电源供应（5V）
9	$V_{CC2}R$	模拟 DAC 正电源（右路）
10	$AGND_2R$	模拟 DAC 地（右路）

续表

引脚号	名称	功能
11	EXT$_1$R	右路输出放大器公共端
12	EXT$_2$R	右路输出放大器偏置端
13	VOUTR	右路模拟输出
14	AGND	模拟地
15	V$_{CC}$	模拟电源（5V）
16	VOUTL	左路模拟输出
17	EXT$_2$L	左路输出放大器偏置
18	EXT$_1$L	左路输出放大器公共端
19	AGND$_2$L	左路模拟 DAC 地
20	V$_{CC2}$L	左路模拟 DAC 电源
21	V$_{DD}$	数字电路电源
22	DGND	数字地
23	CKSL	系统时钟选择（高电平：384fs；低电平：256fs）
24	NC	空
25	RST	复位
26	MD	数据模式控制
27	MC	位时钟模式控制
28	ML	WDCK 模式控制

2. 音频信号处理电路的检测实训

VCD 机播放时，如果图像正常而伴音不正常或是无伴音，表明 VCD 机芯、伺服预放电路、DSP 电路和音频、视频解码电路等部分都是正常的，故障是在 A/V 解码的输出电路、音频 D/A 转换器和输出接口等部分。音频电路的故障检查可参照图 1-64 进行。如果遇到无伴音故障，可先检查 D/A 转换器 PCM1717 的音频输出端。PCM1717 的⑫脚和⑨脚分别输出左声道和右声道音频信号。一般来说，如果只有一个声道无输出，往往会是输出电路或是输出插座不良，因为插座经常受到外力的作用，易于发生脱焊和开裂等情况。输出电路通常是由 RC 等分离元件构成的，用万用表检查 RC 元件是否有短路或断路情况，即可查出故障并排除。如果左右两个声道都无声，就往往是 D/A 转换集成电路 PCM1717 方面的故障。PCM1717 正常工作需要一定的工作条件。最主要的是④～⑥脚的输入信号要正常。数据信号（DATA）、位时钟信号（BCK）和 LR 时钟信号（LRCK）这三个信号幅度相同但频率不同。如果输入的信号不正常，首先应查从 CL680 到 PCM1717 之间的引线，也可直接检测一下 CL680 的⑱、⑩和⑪脚，以便判别是哪条引线坏了。这三条引线之中任何一条如有短路或断路现象都会引起 PCM1717 工作不正常。其次应查 PCM1717 的①脚和⑱脚。①脚是同步时钟的信号端，输入此脚的是由 CL680⑱脚送来的 16MHz 同步信号。这个信号的频率比较高，用示波器检测比较方便。使用万用表可检查两脚之间的引线，⑱脚是静音控制端，此脚如有异常控制信号，会使 PCM1717 停止工作。最后再检查电源供电和地线端是否良好，如 5V 电压不正常，则应查电源电路。如果上述检查都正常而 PCM1717⑫、⑨脚无信号输出，则表明 PCM1717 集成电路本身有故障，应予以更换。

典型音频 D/A 转换器 PCM1710U 的检测方法如图 1-65 所示，检测 PCM1710U①、②、

③、⑤脚的输入数字信号，然后再查⑬、⑯脚模拟伴音的信号。有输入无输出则 PCM1710U 有故障，有输入有输出信号应检查接口电路。

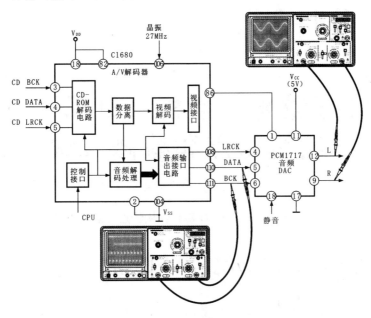

图 1-64　音频电路的故障检测部位

图 1-65　D/A 变换器 PCM1710U 的检测

项目 2

掌握激光视盘机（DVD机）结构特点和检修方法

教学要求和目标：掌握激光视盘机（DVD机）结构特点、信号流程、工作原理和检修方法。

任务2.1 激光视盘机（DVD机）的整机结构和工作原理

2.1.1 高清视盘机（DVD机）的整体构成

DVD机是一种能够播放DVD/VCD/CD光盘的影碟机，具有成本低、电路集成度高、结构简单等特点，在国内的普及量很大。目前，市场上流行的影碟机主要是新型DVD机，以薄型为主，与老型的机器相比，它具有集成度高、成本低、体积小等优点，如图2-1所示。

(a) 早期DVD机实物外形　　　　　(b) 新型DVD机实物外形

图2-1　DVD机的实物外形

1. 高清视盘机（DVD机）的基本结构

新型DVD机的结构比较简单，打开外壳后即可看到其主要构成部分，如图2-2所示为万利达DVP-801型DVD机的整机结构图。

从图中可以看到，新型DVD机从宏观上可以分为机械部分和电路部分。机械部分是指机芯部分，其内部包含了机械传动机构和激光头组件；电路部分是指构成DVD机的几个电路部分，主要有数字信号处理电路、电源电路、操作显示电路、卡拉OK电路和音频/视频输出接口等部分。

(1) 机械传动和激光头组件的结构特点

机械传动和激光头组件是DVD机加载DVD光盘和读取光盘信息的主要器件，如图2-3

所示为万利达 DVP-801 型 DVD 机中的机械部分。

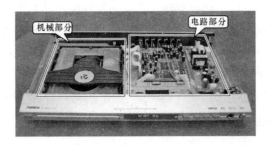

图 2-2　万利达 DVP-801 型 DVD 机的整机结构

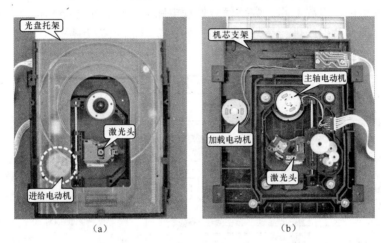

图 2-3　万利达 DVP-801 型 DVD 机中的机械部分

由图 2-3 可知，DVD 机中的机械部分主要是由光盘托架、机芯支架、激光头组件和各种电动机构成的。

（2）电路部分的结构特点

图 2-4 所示为万利达 DVP-801 型 DVD 机中的电路部分。由图可知，电路板之间通过各种数据线相连接，并传递各种信号。

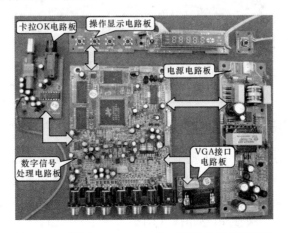

图 2-4　万利达 DVP-801 型 DVD 机中的电路部分

图 2-4 中，电源电路板为整机提供工作所需的电压；数字信号处理电路集伺服预放、数字信号处理、系统控制、AV 解码、伺服驱动、音频、视频输出接口等于一体，接收、处理、传递各种数据信号，控制整机工作；操作显示电路则为人工指令的输入提供操作平台，接收和传递遥控信号，并通过多功能显示屏显示 DVD 机的工作状态；接口电路主要用于输出和输入音频视频的信号，如输出音频信号、视频信号，输入 VGA 显卡信号等。卡拉 OK 电路则由回响信号产生电路和话筒信号放大器构成，该电路是 DVD 机接收和处理话筒信号的通道。

2. DVD 机的各部件的关系

各种品牌和型号的 DVD 机的工作原理基本类似，从结构上来说基本上都包含了机械传动机构、激光头组件、电源电路、数字信号处理电路、操作显示电路和接口电路等部分，它们之间通过连接插件及引线进行信号的传输，如图 2-5 所示为万利达 DVP-801 型 DVD 机中各部分之间的连接关系图。

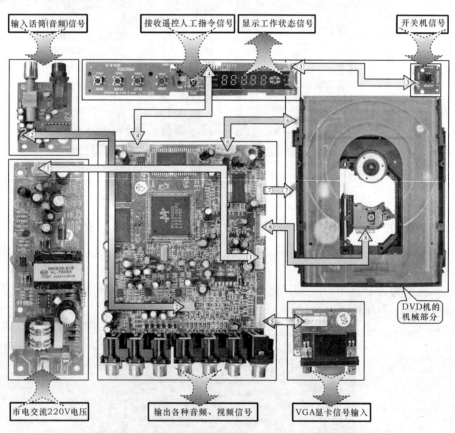

图 2-5　万利达 DVP-801 型 DVD 机中各组成部分之间的关系

图 2-6 所示为万利达 DVP-801 型 DVD 机的整机方框图。由图可知，电源电路是 DVD 机正常工作的动力源，只有电源电路正常，其他电路和部件才可能正常工作，该电路是将市电交流 220V 进行滤波整流、开关振荡和稳压后输出其他电路所需的各种电压的工作过程。它通过一组线缆与数字信号处理电路相连（图 2-5 中①号线缆）。

卡拉 OK 电路用于将从话筒插口输入的话筒信号进行放大处理和回响处理，图 2-5 中通

第1单元　激光数字视听产品的结构特点和维修技能

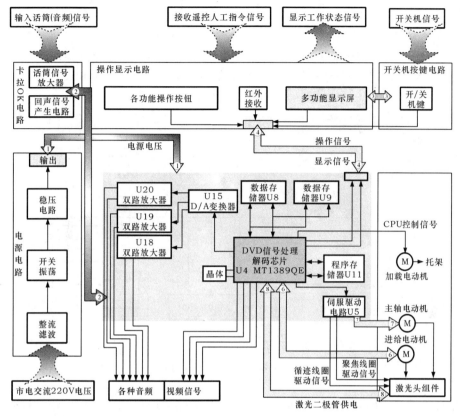

图 2-6　万利达 DVP-801 型 DVD 机的整机方框图

过②号屏蔽线将信号送入数字信号处理电路中。

操作显示电路与开关按键也由数据线进行连接，该电路接收的各种人工指令信号通过④号数据线传递给数字信号处理电路板，由其内部的微处理器（CPU）进行控制，并输出相应的控制信号。

图 2-5、图 2-6 中的⑧号线缆为连接激光头的软排线，激光头通过该软排线输出激光头信号和激光二极管功率检测信号送入数字板中进行处理，同时，数字信号处理电路也通过该软排线为激光二极管、聚焦线圈、循迹线圈供电。

⑥号、⑦号线缆分别连接加载电动机和主轴、进给电动机，主要是为电动机提供工作电压，同时，加载电动机通过⑥号线缆将开关信号传送到数字板中，由微处理器（CPU）进行控制。

2.1.2　DVD 机的信号流程

DVD 影碟机是播放 DVD 光盘的激光视听设备，它也能兼容 CD、VCD 光盘。典型的 DVD 机的电路框图如图 2-7 所示。

1. DVD 机的控制过程

当播放 DVD 光盘时，用户操作遥控器或 DVD 前面板上的按键，人工指令通过操作电路

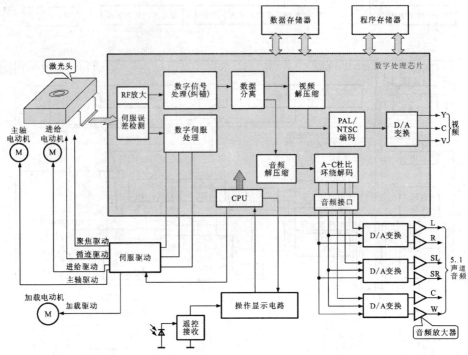

图 2-7 典型 DVD 机的电路框图

送到数字处理芯片中的 CPU 中，CPU 收到控制指令后根据程序分别给机芯和电路发送控制指令，使 DVD 机进入播放状态。主要过程包括：CPU 输出主轴电动机启动信号，激光二极管供电驱动信号和进给电动机驱动信号，使光盘旋转，进给机构动作，激光头中聚焦线圈和循迹线圈启动，搜索光盘，读取目录信号，开始播放。

2. DVD 机的信号处理过程

激光头读取光盘的方法是由激光头内的激光二极管发出激光束并经物镜照射到 DVD 光盘盘面上，经光盘反射回来的光束经反射镜照射到光敏二极管组件上。激光二极管发射的激光束是恒定的光束，而从光盘上反射回来的光束则受到光盘信息纹坑槽的调制，这样由光盘反射回来的光束就受到了光盘信息的调制，因而就包含了光盘上的信息。只要将光盘信息解读出来就能恢复出光盘的数据信号内容。其过程如下。

激光头的输出信号经软排线送到主电路板，然后送入数字处理芯片。数字处理芯片是一种超大规模集成电路，它往往集成了 DVD 主要的信号处理和控制电路，其中主要包括伺服预放处理电路、数字信号处理电路、数据分离电路、视频解压缩电路（视频解码）、音频解压缩电路（音频解码）、视频（PAL/NTSC）编码电路、视频 D/A 变换电路、AC-3 杜比环绕立体声解码电路。数字处理芯片中还包含伺服处理电路，它将激光头读取数据时的聚焦误差信号、循迹误差信号和光盘旋转误差信号转换成聚焦线圈、循迹线圈、进给电动机和主轴电动机的驱动信号输出。

数字处理芯片外围设有暂存图像数据的存储器和程序存储器，这些电路通过接口与芯片相连。

3. 音频、视频输出电路

音频数据和视频数据信号在光盘上是合成在一起的，在数据处理芯片中经数字处理和数据分离后才将两者分离，分别进行解压缩和 D/A 变换等处理。视频信号的处理大都在数字处理芯片内完成，并由视频接口直接输出模拟视频信号（亮度信号 Y、色度信号 C、复合视频信号 V）。

数字处理芯片的音频接口输出的信号仍然是数字信号，它主要是由串行数据信号（DATA）、数据时钟信号（CLK）和左右分离时钟信号（LRCK）。因此在音频输出电路中还设有音频 D/A 变换器和音频放大器。DVD 机具有杜比 AC-3 多声道（5.1 声道）环绕立体声的解码和输出功能。对普通 DVD 光盘的伴音输出双声道立体声信号，对杜比数字环绕立体声光盘可输出多路音频，即 5.1 声道音频信号。

4. 伺服信号处理电路

伺服误差的检测是在数字处理芯片的内部，芯片内的伺服处理电路通过对误差信号的处理转换成伺服驱动信号送到伺服驱动的电路中，经驱动放大，将驱动控制信号放大到足够的功率，然后分别去驱动聚焦线圈、循迹线圈、进给电动机和主轴电动机。在 DVD 光盘的播放过程中使这些数字信号处理控制电路实时的检测光盘与激光头之间的偏离误差，根据误差的方向和大小再反馈到驱动控制器件进行纠正，保证系统的误差在允许的范围内。使激光头能准确的跟踪光盘，完成信息的读取。

进给机构在播放之初受微处理器（CPU）控制，进行光盘搜索，当进入播放状态后作为循迹伺服的粗调，循迹线圈的动作是循迹（跟踪信息纹）细调。

加载电动机是驱动光盘装卸的部分，它直接受 CPU 的控制。

任务2.2 训练检修 DVD 机的基本方法

2.2.1 DVD 机的故障特点和检测方法

1. 电路部分的故障特点

DVD 机的电路部分是指与处理图像、声音及驱动控制信号等相关的电路，若电路部分不正常，则可能会造成 DVD 机输出的图像、声音信号不正常，控制信号不正常，或驱动信号不正常等。这种情况往往表现为无图像、无伴音或整机不动作、操作失常等现象。

（1）视频信号处理部分

视频信号处理电路不良，必然会导致图像不良或无图像，视频信号处理电路是处理视频信号的关键部位，若视频信号处理电路出现故障，势必会造成 DVD 机中图像处理通道不能正常的传输和处理视频图像，从而使 DVD 机不能够正常的工作。在 DVD 机中，与视频信号处理电路相关的电路主要有 A/V 解码电路、数字信号处理电路、视频输出电路等，如图 2-8 所示为视频信号的检测部位及检测方法。

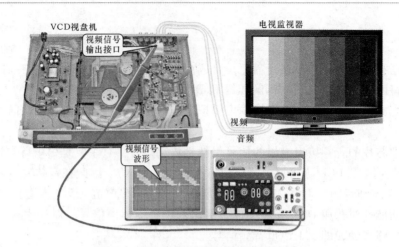

图 2-8 视频信号的检测部位及检测方法

（2）音频信号处理部分

从光盘上读出的信息中，音频数据和视频数据是合在一起的，因而伺服预放数字信号处理电路和 A/V 解码电路是音频和视频信号共用的处理电路，只有 A/V 解码电路输出以后才将两者分离。单独处理音频信号的电路是音频 D/A 变换器和音频输出放大器。

如果伺服预放、数字处理和 A/V 解码电路有故障，不仅会影响音频输出，而且影响视频输出，甚至会使整机不能工作。如果音频 D/A 变换器、音频放大器和低通滤波器有故障，则只会影响音频输出，音频电路的检测方法如图 2-9 所示。

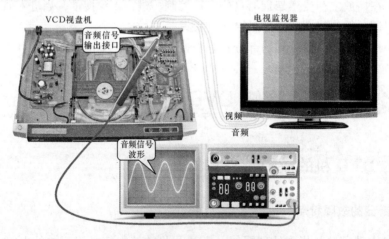

图 2-9 音频信号的检测部位及检测方法

此外，有的 DVD 机还有卡拉 OK 电路板，主要是为了给用户提供参与演唱的功能，卡拉 OK 电路的功能是放大话筒信号并对信号进行延迟和混响处理，然后再与光盘上播出的伴音信号合成输出，若该电路不正常，则麦克风无法正常输入音频，使 DVD 机卡拉 OK 功能失常。

（3）电源电路部分

DVD 机的整机供电是由电源电路部分构成的，若 DVD 机的电源电路有故障，则会造成部分单元电路的供电不正常，或整机无供电，从而使 DVD 机无法正常的工作，怀疑开关电

第 1 单元　激光数字视听产品的结构特点和维修技能

源有故障可先检测一下开关电源的输出电压，如图 2-10 所示为典型 DVD 机的开关电源电路板输出电压的检测部位。

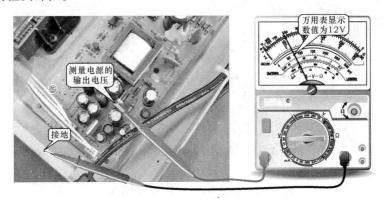

图 2-10　典型 DVD 机的开关电源电路板输出电压的检测

（4）系统控制部分

若 DVD 机系统控制部分有故障则会引起整机工作不正常，或不能工作，如装卸光盘不正常、加载、卸载失灵、自动停机、自动断电等，主控微处理器不正常则不能装光盘，更不能进行重放动作，操作显示电路不正常会使操作失灵，显示不良等故障。

（5）伺服系统部分

伺服系统发生故障会使主轴电动机转动失步。聚焦、循迹伺服失常主要表现是不读盘整个机器不能进入工作状态。

2. 机械传动部分

DVD 机除了具有电路部分外，同时还具有机械传动部分，用来装载光盘或者用来控制激光头的位置，机械系统不良的故障比较复杂，常见的是装卸光盘不良、加载不良、进给机构失灵等，其征状表现为光盘加载不到位、自动弹出、不能进入正常播放状态、自动停机等。

装卸光盘的加载机构、伺服机构和进给机构都是由控制电路通过电动机驱动的，当控制电路或驱动电路发生故障时，机械传动部分不能动作，而机械零件磨损、变形或驱动机构失灵也同样会造成机构不动作。如图 2-11 所示为典型 DVD 机的机械传动部位的故障。

机械部分的工作状态信息通过传感器（或检测开关）送到控制系统的微处理器，如图 2-12 所示为典型 DVD 机中的检测开关。这些信号作为微处理器下达工作指令的参考信息，当机械部分发生故障后，传感器会发出故障

图 2-11　典型 DVD 机的机械传动部位的故障

信息，遇到这种情况，微处理器会发出停机指令进行自我保护，但传感器或转换电路（接口电路）本身不良，也会使微处理器发出停机指令，而故障表现则是机构不动作。由此

· 45 ·

可见，机械和电路两者之间是密切相关的，必须通过检测才能找出故障的范围或部位。

 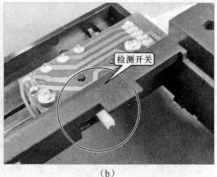

图 2-12 典型 DVD 机中的检测开关

3. 激光头部分

图 2-13 DVD 机激光头的典型故障

典型的 DVD 机中激光头部分是由激光二极管、光敏二极管组件、聚焦线圈、循迹线圈、物镜等部分构成的。DVD 机在播放光盘时往往会出现不读盘、有时读盘有时不读盘，或者是光盘放进去之后显示无光盘，不能进入正常的工作状态等，这种情况的出现除去光盘本身的故障外，则可能是由 DVD 激光头部分的故障造成的，激光头常见的故障如供电不正常、老化、污物、接插不良、激光二极管或光敏二极管损坏等，如图 2-13 所示为 DVD 机激光头的典型故障。

2.2.2 新型 DVD 机的基本检修流程

检修 DVD 机的过程就是分析故障、推断故障、检测可疑电路、调整和更换零部件的过程。检修程序如图 2-14 所示，在整个过程中分析、推断和检测故障是重要一环，没有分析和推断，检修必然是盲目的。

分析和推断故障就是根据故障现象即故障发生后所表现的征状，推断出可能导致故障的电路和部件。

由于 DVD 机的复杂性，在实际的检修过程中，仅靠分析和推断还不能完全诊断出故障的确切位置。要找出故障元件还要借助于检测和试调整等手段。

在检修过程中电原理图和布线图往往是很有用的，利用它可以迅速找到需要检测的元器件位置，对照图纸资料所提供的数据，可以很快判断所测元件是否有故障。

在检修 DVD 机中，如何在数以千计的电器元件中找到故障点，是速修 DVD 机的关键。这实质上是高效率修理的问题。要做到这一点。必须遵循科学的方法，掌握故障的内在规律。

简单地说，分析和推断故障就是根据故障现象揭示出导致故障的原因。每种电路的故障

第 1 单元　激光数字视听产品的结构特点和维修技能

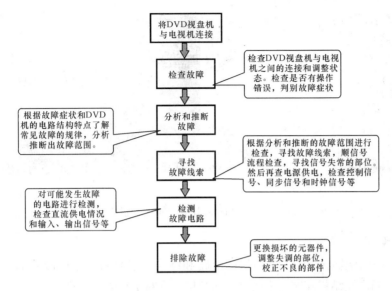

图 2-14　DVD 机的故障检修程序

或机构的失灵都会有一定的征状，都存在着某种内在规律。然而，实际上不同的故障却可能表现出相同的形式，因此，从一种故障现象往往会推断出几种故障的可能性，但这还不是最后的程序。

由于电子技术发展很快，新技术、新元件不断推出，各具特色 DVD 机不断涌现，因此，要求维修者不但要熟悉和掌握 DVD 机的基本原理和基本电路结构，而且要不断地学习新技术，了解新电路的结构特点，摸索其故障规律。

电路结构的复杂性给分析、诊断故障带来了很多困难。分析 DVD 机的故障，如同医生给病人看病一样，医生通过病人的种种表现，并根据自己的经验，先得出一个初步的诊断意见。有些病要确诊还需要通过检测和化验等过程。有些疑难病的诊断必须使用多种手段。DVD 机的故障诊断，也不是简单地分析和推断就能解决问题的，因为所表现的征状和故障之间并不是简单的关系，有些故障的检测常常十分复杂，维修人员要通过大量实践不断积累检测经验才能熟练地掌握维修技能。

对于初学 DVD 机维修的人员来说，遇到故障机，先从哪里入手，怎样进行故障的分析、推断和检修是十分重要的问题。

（1）查证故障

在检修总程序中要认真查证故障是不可忽视的第一步，如果故障查证不准，就必然引起判断错误，往往要浪费很多时间。收到故障机之后，不但要听取用户对故障的说明，而且要亲自查证一下，并进行一些操作和演示，以排除假象。实际上因开关或电位器调整不当，连接电缆不正确往往会造成种种问题，使 DVD 机功能失常，并非是 DVD 机有故障。

此外，若 DVD 机所播放的光盘质量存在问题，可能会造成激光头无法读取光盘信息或报错等，也可以使图像上出现静像或马赛克的情况，或者播放到了一定的位置后，光盘不能继续播放而停机或自动返回到最初的位置上，从而使后面的节目不能播放，这些往往是由于光盘本身的故障引起的，在维修前一定要首先对光盘本身进行检查，如图 2-15 所示为划痕和损坏比较严重的光盘表面。

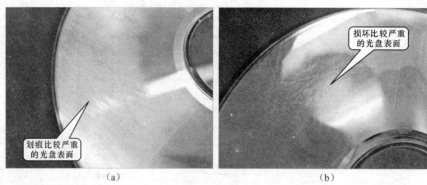

图 2-15 划痕和损坏比较严重的光盘表面

(2) 分析故障

查证故障后就要根据征状和 DVD 机的电路和结构特点分析和推断故障的大致范围。这一步需要仔细分析电路结构和所用集成电路的结构，推断出故障的大致范围，从而找出追踪故障的基本程序和线索。在分析故障时，最好将 DVD 机的实物图和电路图相对照，如图 2-16 所示，使该电路的功能及信号的走向更明确。

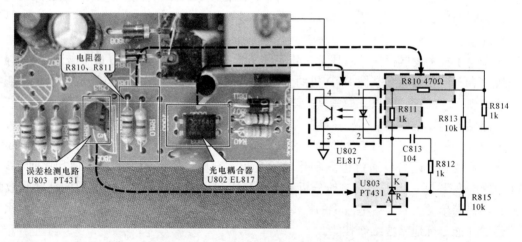

图 2-16 DVD 机实物与电路对照图

(3) 追踪故障

在故障分析和推断中，往往会根据故障现象分析出多种导致故障的因素。例如，操作重放键后不能进入重放状态，现象是不能重放，有哪些地方出了毛病会引起这种故障呢？根据 VCD/DVD 机的工作原理和结构特点，可以分析出几种可能性，再分别进行检测。

(4) 检测故障

在检修 DVD 机的过程中，通过分析和推断，可以判断出故障的大体范围。要进一步查出故障的部位，则需进行仔细地检测。主要是检测主信号通道上集成电路或晶体管的输入输出波形。如果有信号失落或衰落的情况则此处就是故障的部位（或线索）。对于集成电路，要先查相关引脚的外围元件。还要查信号通道上是否有短路或断路的情况。测量信号通道上各点对地的阻抗，如果出现与地短路或是出现阻抗为无穷大（100kΩ 以上）的情况，则相关元件有短路或断路情况，这必然导致无信号的故障，通过这样的测量也就找到了故障的元

第1单元 激光数字视听产品的结构特点和维修技能

件，更换这些损坏的元件即可排除故障。如图2-17所示为示波器和万用表配合使用来检测DVD的故障。

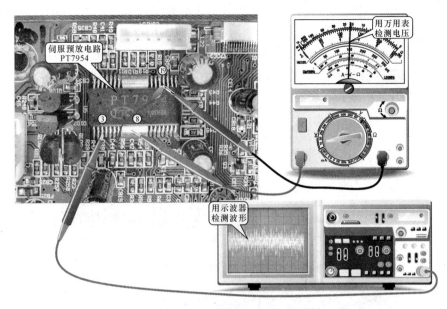

图2-17 示波器和万用表配合使用来检测DVD故障

（5）排除故障

通过上述的四个步骤便可以找到故障的根源。找到故障的根源可以说就解决了问题的一大半，接下来要排除故障了。故障的排除不外乎两条，属不良电路的调整，属损坏的元器件要进行更换，如图2-18所示为更换故障元器件图。

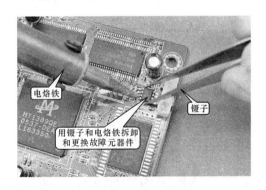

图2-18 更换故障元器件图

【知识扩展】DVD机的激光头及其特点

1. DVD的激光二极管

DVD机是采用双激光二极管以适应兼容CD、VCD光盘，DVD光盘的信息坑槽尺寸较小，因而读取信息的激光束需要更短的波长。

众所周知，激光束具有光谱单一波长、色度纯、方向性好、易于聚焦等特点，因而激光器件在家电产品及多媒体设备中得到了广泛的应用。

半导体激光二极管近年来得到了不断的改进。从外观看起来与普通二极管相似，都是由 PN 结构成的，但由于材料的不同和工艺的差异，它能发射出激光。不同的激光二极管的发射激光束的波长有一定的不同。波长越短拾取光盘信息的精度越高。作为读取光盘信息的光源，它必须具有单一的波长，而且在较长的时间里保持频率和幅度的稳定性。

DVD 机激光二极管通常在激光头内部，不易观察，但在检测时，可测量其引脚，如图 2-19 所示为 DVD 机激光二极管的背部引脚。

图 2-19　DVD 机激光二极管的背部引脚

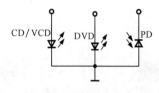

图 2-20　DVD 机激光二极管的内部结构

由图可知，该激光二极管有四个引脚，其内部结构如图 2-20 所示，它内部有两个激光二极管和一个光敏二极管，光敏二极管是用来监测激光强度的，借助该信息可以实现自动激光功率控制。

除了上面这种激光二极管外，还有一种是具有三个引脚的激光二极管，一般用在 CD/VCD 机中，图 2-21 所示为典型 CD/VCD 机激光二极管的实物外形。这种激光二极管的管芯制作在金属壳内，引线接在下面，管壳的上部开有圆形窗口以便射出激光束，顶部有平顶形的，也有倾斜形的。

图 2-21　典型 CD/VCD 机激光二极管的实物外形

第1单元 激光数字视听产品的结构特点和维修技能

为了检测激光二极管的发光强度，在管壳内都设有一个光敏二极管，这是为了通过检测激光的强度来控制供给激光二极管的电源。激光二极管一般有三个引线脚，其中一个为激光二极管的供电端 AL，一个为光敏二极管的输出端 AP，一个为接地端 K，如图2-22所示。

图2-23所示为激光二极管的发射光束示意图，CD/VCD 激光二极管的波长为 $0.78\mu m$，而 DVD 激光二极管的波长要求要比较短，为 $0.63\mu m$。蓝光 DVD 的激光二极管波长更短，约为 $0.43\mu m$。

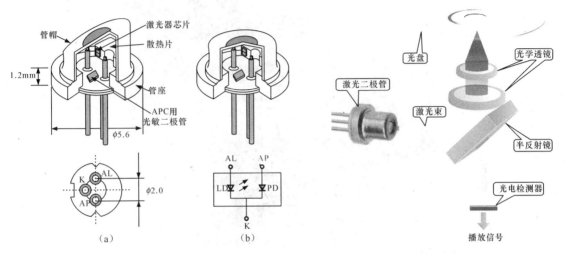

图2-22 激光二极管的内部结构　　图2-23 激光二极管的发射光束示意图

在读盘时，激光二极管发射的激光束经半反射镜，光学透镜后，进行聚焦其焦点射到光盘盘面上，经盘面反射的激光束再经透镜返回，由于返回的波长的变换，反向的激光束则穿过半反射镜照射到光敏检测器件上（光敏二极管组件），光敏器件将光信号变成电信号输出。就是激光头输出的信号，该信号中包含了光盘上的信息内容。

2. 光敏二极管组件

光敏二极管组件是由多个光敏二极管组成的，它被排列成田字形。光敏二极管组件是用来检测从光盘反射回来的激光束的器件，它通常和信号放大器一起被制成集成电路，有多个引脚，如图2-24所示。

除了与放大器制成集成电路外，有时光敏二极管还与激光二极管制成激光组件，如图2-25所示。

图2-24 光敏二极管组件

图2-25 光敏二极管与激光二极管制成激光组件

3. 微调电位器

微调电位器的作用是微调激光二极管的供电功率，通过调整该电位器，从而改变激光二极管供电电流的大小，如图 2-26 所示。由图可知，该激光头有两个电位器，其中一个微调 DVD 激光二极管的供电电流，另一个是微调 VCD 激光二极管的供电电流。

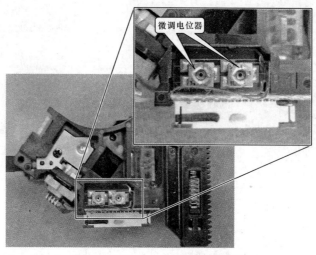

图 2-26　DVD 机中的微调电位器

4. 激光头的工作原理

（1）激光头的读取原理

激光头通过发射激光束，然后再检测由光盘反射回来的激光束来拾取信息。在激光头中设有以下零部件：激光二极管，用于发射激光；光学通路，作为激光束的传输通道；物镜（透镜组），用于调整激光束的聚焦点，使激光束的聚焦点射到光盘信息纹上；光检测器（光敏二极管组件），用于检测从光盘反射回来的光信息，同时检测包含在信息中的聚焦误差和循迹差分量。如图 2-27 所示为激光头的光学系统。

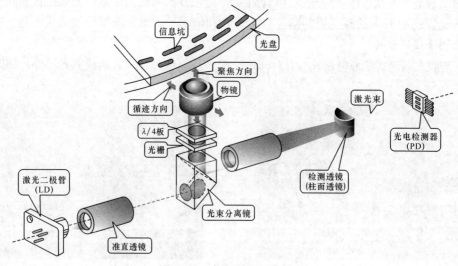

图 2-27　激光头的光学系统

第 1 单元　激光数字视听产品的结构特点和维修技能

从图 2-27 可以看到，光盘上是用一圈圈螺旋形排列的小坑槽来表示信息的，即信息坑。这些小坑的长度和间隔是与信息内容相对应的，也就是说它与所记录数字信息"0"和"1"的不同组合相对应，如图 2-28 所示。

图 2-28 中的数字信息是由"0"和"1"组成的，它是模拟信号经 A/D 变换后再经编码而形成的。这个信息要记录到光盘上，其信号波形为脉冲状，在光盘上刻制的坑槽与脉冲相对应。为了提高信息密度，将波形中电平变化的部分表示为"1"，电平不变化的部分表示为"0"，即坑的边沿对应"1"，坑内和坑外平坦的部分对应"0"。

DVD 光盘的记录密度比 CD/VCD 高很多，如图 2-29 所示。DVD 光盘的最小坑长为 0.4μm，信息纹间隔为 0.74μm，约为 CD/VCD 盘的 1/2。DVD 光盘单面的记录容量为 4.7GB（CD/VCD 光盘为 747MB）。

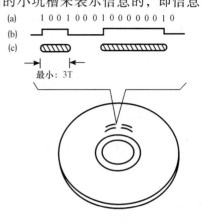

图 2-28　光盘上信息坑槽与数字
信号的对应关系

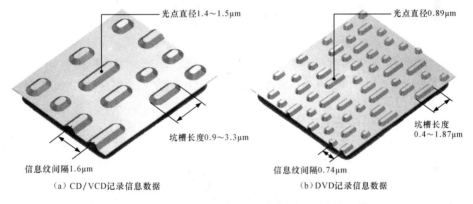

（a）CD/VCD记录信息数据　　　　　　（b）DVD记录信息数据

图 2-29　CD/VCD 光盘与 DVD 光盘的记录信息比较

（2）激光头对信息的读取方式

激光头对信息的读取方式有三光束方式和单光束方式。三光束方式就是在激光头的激光二极管光路中设有一个分裂光束的光栅，将激光头发出的激光分裂成 3 束光。其中一条主光束用于读取数字信息，其余两条辅助光束用于检测循迹误差。如图 2-30 所示为三光束方式。

光束经光束分离镜、1/4 波长（λ/4）板、物镜等照射到光盘盘面上，光盘反射的激光束再经过物镜、1/4 波长板、光束分离镜、检测透镜（柱面透镜），最后照射到光电检测器（光敏二极管组件）上。光敏二极管组件将光信号变成电信号输出，这就是激光头读取信息的全过程。

单光束系统的结构比三光束系统简单，单光束就是在激光头中激光二极管发射的激光束只有一束光射到光盘盘面上，如图 2-31 所示。这样，这个单一的光束既要检测信息，又要检测聚焦和循迹误差，它是利用反射回来的光通量的不均匀性进行检测的。

当激光束跟踪光盘信息纹正确时，反射回二极管检测器的光是均匀的；当跟踪出现偏差时，反射回二极管检测器感光面上的光通量就会变得不均匀。跟踪出现偏左或偏右时，感光面上左右的光会有明暗的不同。如将光敏二极管组件制成左右分割时，将左右的二极管输出信号相减即可得到循迹误差信号。

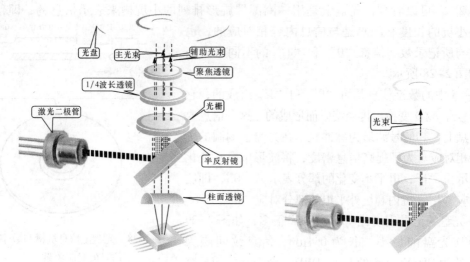

图 2-30 三光束方式　　　　　　　　图 2-31 单光束方式

注意：为了能正常地读取信息，必须满足两个条件，一是激光头发射的光束要始终跟踪光盘上的信息纹；二是激光束的聚焦点必须始终落在光盘盘面上。因此，在检测光盘信息的同时还要检测聚焦误差和循迹误差。

（3）DVD 机的聚焦和循迹伺服方式

图 2-32 所示为 DVD 机采用全息镜头的聚焦误差检测方式，当聚焦良好时，投射到光敏

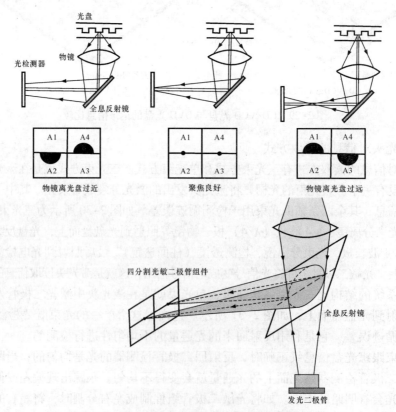

图 2-32 DVD 机采用全息镜头的聚焦误差检测方式

检测器上的小点有两个;当聚焦点偏近时,在 A2、A4 区有两个半圆形的光点;当焦点偏远时,在 A1、A3 区有两个半圆形的光点,利用(A2 + A4) − (A1 + A3)即可得到聚焦误差。

DVD 机通常采取单光束相位检测方式来得到循迹误差,如图 2-33 所示。当循迹正常时,从光盘反射到两组光敏检测器的两信号的相位差为零;当光点偏右时,两信号的相位差为正值;当光电偏左时,相位差为负值。通过对两信号的相位比较就检出了循迹误差。

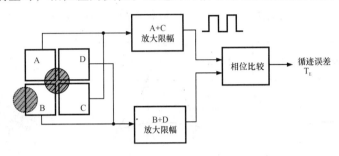

图 2-33 循迹误差的检测方式

(4) 不同类型的激光头的工作原理

在 DVD 机中,常见的激光头类型有双镜头式激光头、双聚焦点激光头和液晶快门式激光头。

① 双镜头式激光头

图 2-34 所示为双镜头式激光头的结构。在激光头中设有两个物镜,播放 CD/VCD 光盘和 DVD 光盘时可分别使用各自的镜头。这两个镜头安装在一个可旋转的圆盘上,通过旋转圆盘就可以转换镜头。

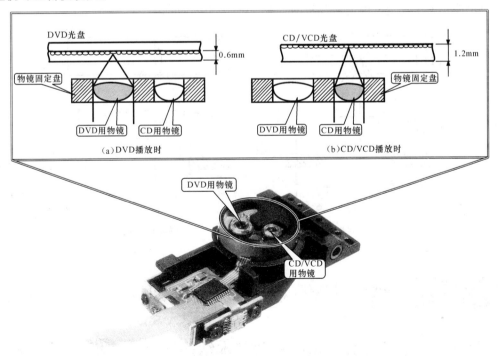

图 2-34 双镜头式激光头

② 双聚焦点激光头

双聚焦点方式的激光头是利用全息照相方式的物镜，使激光束有两个焦点，如图2-35所示。全息镜头是在镜头中心向外制成一圈圈同心圆的沟槽，其间距数十微米到数百微米，又被称为平面镜头。当播放 DVD 光盘时使用 0 次投射光，即激光二极管发射后通过物镜的光。当播放 CD 或 VCD 光盘时，经平面透镜一次回折的光聚焦到光盘上。这种方式具有光利用率低的缺点，但采用宽范围集光的方法可以抑制光通量的下降。

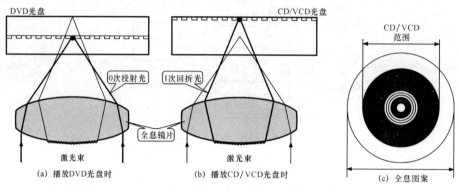

图 2-35 双聚焦点激光头

③ 液晶快门式激光头

液晶快门式的激光头如图 2-36 所示，在光路中设置一个由环形液晶板制作的快门，当播放 DVD 光盘时，液晶板透光，聚焦点投射到 DVD 信息面上，当播放 CD/VCD 光盘时，环形液晶板不透光，只有中间的光束通过，使聚焦点位于 CD/VCD 信息面上。液晶板的透光性可以由控制电压改变，因为液晶板的透光性随控制电压变化。

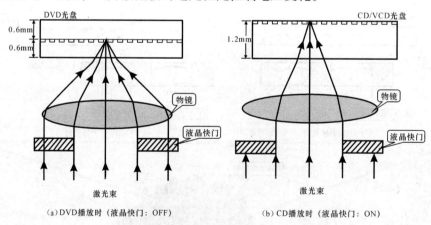

图 2-36 液晶快门式激光头

任务 2.3　维修 DVD 机的综合实训

2.3.1　数字信号处理电路板的基本结构和电路分析

如图 2-37 所示为万利达 DVP-801 型 DVD 机的数字信号处理电路板，DVD 机的主要集

第 1 单元 激光数字视听产品的结构特点和维修技能

成电路都安装在这块电路板上，例如，DVD 信号处理芯片、伺服驱动集成电路、图像数据存储器、程序存储器、D/A 变换器、双运算放大器等，在电路板的周边设有连接插件，分别与其他电路和器件相连。

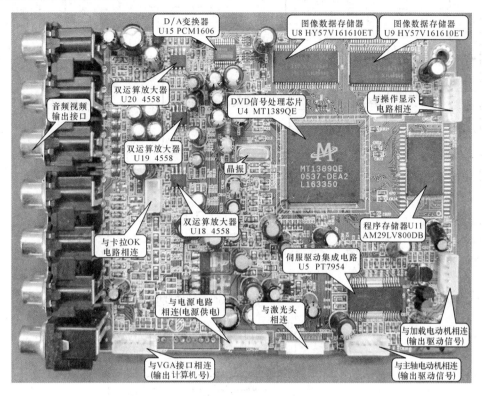

图 2-37 万利达 DVP-801 型 DVD 机的数字信号处理电路板

如图 2-38 所示是万利达 DVP-801 型 DVD 影碟机的信号处理电路的信号流程图。从图中可以看到 DVD 影碟机各种信号的流程。

如图 2-39 所示是万利达 DVP-801 型 DVD 影碟机信号处理电路的方框图，从图可以了解 DVD 机的电路结构和工作原理。

当播放 DVD 光盘时，由激光头输出的信号通过软排线和插件送到信号处理电路板上的解码芯片 U4 中。激光头输出的信号中有 RF 信号、音频视频信号，数据信号就包含在其中，此外还有聚焦误差信号和循迹误差信号。RF 信号和伺服误差信号在解码芯片中进行数字处理。

RF 信号经数字处理后从信号中提取出包含音频、视频的数据信号。在这个过程中还进行误码校正，即纠错处理，使激光头输出的数据正确。然后再进行 AV 解码，即对视频信号和音频信号分别进行解压缩处理，将数字视频和数字音频信号恢复出来。解压缩后的视频数字信号再进行 PAL 或 NTSC 视频编码，编码后的视频数字信号最后经 D/A 变换器，将数字视频信号变成模拟视频信号，该芯片的视频接口可同时输出复合视频信号（V）、亮度信号（Y）和色度信号（C）。

解压缩后的音频数字信号还经 AC-3 杜比环绕声解码处理，经音频接口输出数字音频信号，该信号送到音频 D/A 变换器，经变换后输出 6 路音频信号，即 5.1 声道（环绕立体声信号）。

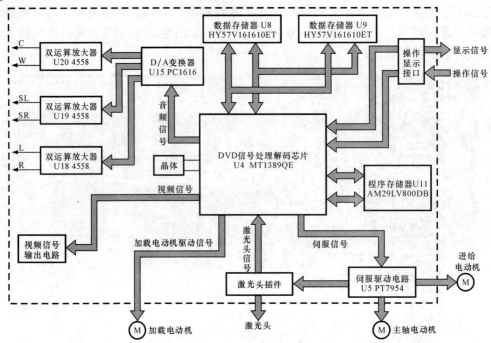

图 2-38　万利达 DVP-801 型 DVD 机的信号处理电路的信号流程图

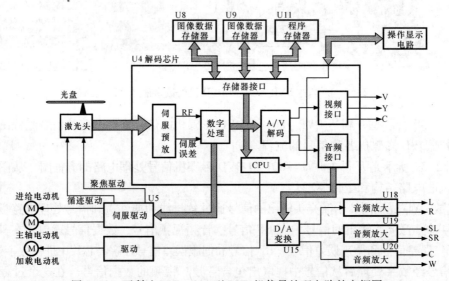

图 2-39　万利达 DVP-801 型 DVD 机信号处理电路的方框图

　　数字信号处理电路同时还要进行伺服信号的处理,激光头输出的信号中包含有聚焦误差和循迹误差,这种信号经数字处理后,将伺服误差信号转换成伺服控制信号,然后送到伺服驱动电路 U5 中,进行驱动放大,最后由 U5 输出多路驱动信号分别去控制聚焦线圈、循迹线圈、进给电路和主轴电动机。使电动机和激光头中的聚焦线圈、循迹线圈协调动作,共同完成激光头跟踪光盘的动作,从而保证正确的读取光盘上的信息。

　　DVD 解码芯片 U4 中还集成了系统控制微处理器（CPU）,它工作时接收遥控发射器和面板按键的人工指令,根据人工指令对 DVD 机进行控制,加载电动机是由 CPU 进行控制

第 1 单元 激光数字视听产品的结构特点和维修技能

的，此外 DVD 机的工作状态由 CPU 变成显示信息，再输出给显示电路进行时间和字符显示。

1. DVD 信号处理芯片

万利达 DVP-801 使用的处理芯片型号为 MT1389QE，其外形和引脚排列如图 2-40 所示，如图 2-41 所示为该电路的内部功能和引脚功能图。该电路内部集成了 RF 信号处理、数字信号处理、视频解压缩处理、音频解压缩处理、微处理器等电路，主要用来进行音频、视频信号的处理，以及为整机提供控制信号。

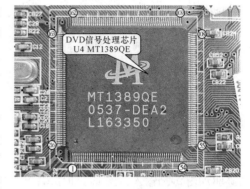

由内部功能框图可知，由激光头送来的信号首先进入伺服预放电路进行误差检测，然后送往数字信号处理电路，经数字处理后的信号分为两路，一路经数字伺服处理电路后，由伺服输出接口输出伺服控制信号；另一路进入数据分离电

图 2-40 MT1389QE 的外形和引脚排列图

路，将视频数据和音频数据进行分离，其中视频信号经 MPEG2 视频解码、视频编码和 D/A 变换后由视频信号接口电路输出亮度信号、色度信号和复合视频信号。音频信号经 MPEG2 音频解码和 AC-3 解码后输出三路数字音频信号。微处理器（CPU）输出的控制信号分别送往视频解码电路、音频解码电路、数据存储器接口和程序存储器接口等电路中。

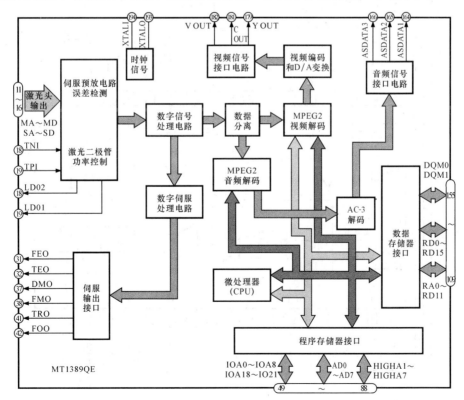

图 2-41 MT1389QE 的内部功能和引脚功能图

2. 伺服驱动集成电路

万利达 DVP-801 中使用的伺服驱动集成电路为 PT7954,其外形和引脚排列如图 2-42 所示,该集成电路主要是用来放大聚焦线圈、循迹线圈、进给电动机和主轴电动机的驱动信号,确保激光头能够正确跟踪光盘的信息纹。如图 2-43 所示为 PT7954 的内部功能图,其引脚功能见表 2-1。

主轴驱动分别由 PT7954 的④脚和⑤脚输入,经内部电路放大和处理后由⑪、⑫脚输出主轴电动机驱动信号,来驱动主轴电动机动作;同时聚焦驱动由①脚输入,经放大后由⑬、⑭脚输出聚焦驱动信号,控制聚焦线圈的位置;

图 2-42 PT7954 的外形和引脚排列图

循迹驱动由㉖脚输入,经⑮、⑯脚输出循迹驱动信号,从而控制循迹线圈的位置;此外,进给驱动信号由微处理器送入 PT7954 的㉓脚,经放大后由⑰、⑱脚输出进给电动机驱动信号,用来控制进给电动机的动作。该集成电路内部同时设有过热保护电路,当温度过高时,该芯片自动保护,从而避免损坏其他元件。

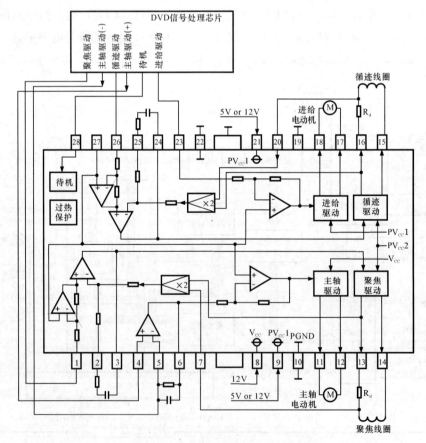

图 2-43 PT7954 的内部功能图

第1单元 激光数字视听产品的结构特点和维修技能

表2-1 PT7954的引脚功能表

引脚号	引脚标识	引脚功能	引脚号	引脚标识	引脚功能
①	VINFC	聚焦伺服输入	⑮	VOTK+	循迹线圈正的驱动电压输出
②	CF1	聚焦补偿1	⑯	VOTK-	循迹线圈负的驱动电压输出
③	CF2	聚焦补偿2	⑰	VOLD+	进给电动机正的驱动电压输出
④	VINSL+	主轴正的伺服输入	⑱	VOLD-	进给电动机负的驱动电压输出
⑤	VINSL-	主轴负的伺服输入	⑲	PGND	驱动地
⑥	VOSL	主轴电压放大输出	⑳	VNFTK	循迹负反馈
⑦	VNFFC	聚焦负反馈	㉑	$PV_{CC}2$	驱动电路供电端
⑧	V_{CC}	供电端	㉒	PREGND	前置电路地
⑨	$PV_{CC}1$	驱动电路供电端	㉓	VINLD	进给伺服输入
⑩	PGND	驱动电路地	㉔	CTK2	循迹补偿2
⑪	VOSL-	主轴电动机正的驱动电压输出	㉕	CTK1	循迹补偿1
⑫	VOSL+	主轴电动机负的驱动电压输出	㉖	VINTK	循迹伺服输入
⑬	VOFC-	聚焦线圈负的驱动电压输出	㉗	BLAS	偏置电压输入
⑭	VOFC+	聚焦线圈正的驱动电压输出	㉘	STBY	待机控制

3. 图像数据存储器

万利达DVP-801中使用两块图像数据存储器HY57V161610ET,用来存储图像数据信号,如图2-44所示为HY57V161610ET的外形和引脚排列图,如图2-45所示为该存储器的内部功能图。

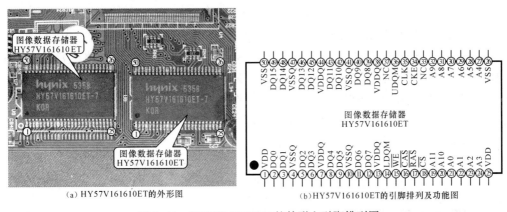

(a) HY57V161610ET的外形图　　　(b) HY57V161610ET的引脚排列及功能图

图2-44 HY57V161610ET的外形和引脚排列图

HY57V161610ET的A0~A11脚为地址输入端,BA0、BA1为存储单元选择地址,DQ0~DQ15为数据I/O接口,CLK端为系统时钟输入端,CKE为时钟控制端,$\overline{CS}$端为片选信号,$\overline{RAS}$为列地址选通指令端,$\overline{CAS}$为行地址选通指令端,$\overline{WE}$为写控制端,LDQM为低位数据输入/输出隔离(遮蔽)端,UDQM为高位数据输入/输出隔离(遮蔽)端,VDD和VDDQ为电源供电端,GND和GNDQ为接地端,NC为空脚。

4. 程序存储器

程序存储器AM29LV800DB主要是用来存储DVD机中微处理工作所需程序的存储器,

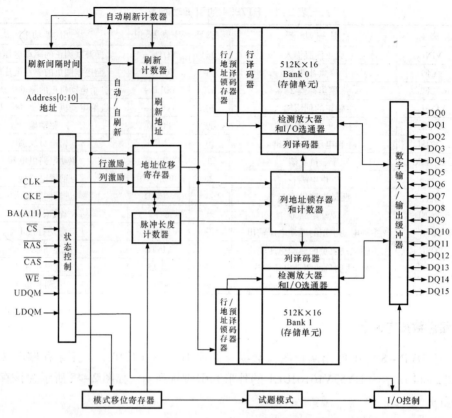

图 2-45　HY57V161610ET 的内部功能图

其外形和引脚排列如图 2-46 所示，如图 2-47 所示为 AM29LV800DB 的内部功能图。

地址信号经 A0~A18 输入，进行锁存和译码后，加到芯片内部的存储单元进行地址定位。DQ0~DQ15 端是进行数据读取和存储的信号通道。该电路的 V_{CC} 端为电源供电端，V_{SS} 端为接地端，NC 为空脚，RESET#为复位端。此外，该芯片的 CE#为芯片输入控制脚，WE# 为写入控制端，BYTE#为选择输入端，RESET#为硬件复位端，OE#为输出控制端，RY/BY# 为状态信号输出。

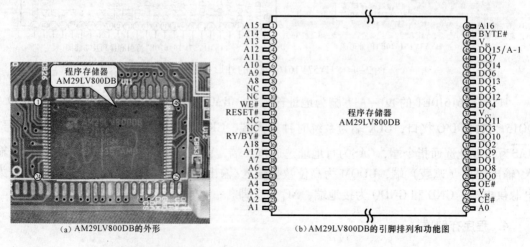

图 2-46　AM29LV800DB 的外形和引脚排列图

第 1 单元　激光数字视听产品的结构特点和维修技能

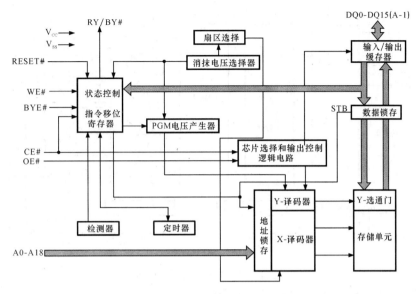

图 2-47　AM29LV800DB 的内部功能图

5. D/A 变换器

万利达 DVP-801 中采用的 D/A 变换器为 PCM1606，其外形和引脚排列如图 2-48 所示，如图 2-49 所示为 PCM1606 的内部功能图，该电路的主要功能就是将输入的串行音频数据信号进行处理，变为 6 路多声道环绕立体声模拟信号后输出。

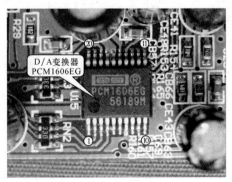

（a）PCM1606EG 的外形图

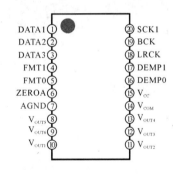

（b）PCM1606EG 的引脚排列及功能图

图 2-48　PCM1606 的外形和引脚排列图

由内部功能图 2-49 可知，PCM1606 的①、②、③脚为数据信号输入端，数据信号经串行数据输入接口后送往取样和数字滤波器电路，再经多电平调整、DAC 电路后，由输出放大器和低通滤波器分别经⑧~⑭引脚输出模拟信号。PCM1606 的⑱脚、⑲脚分别为左右分离时钟信号和数据时钟信号，配合数据信号进行 D/A 转换处理。

6. 双运算放大器

该机主要是使用 3 个双运算放大器 4558 来放大由 D/A 变换器输出的 6 路模拟音频信号，放大后的音频信号送到多声道行环绕立体声信号的输出接口，如图 2-50 所示为 4558 的外形和内部功能图。

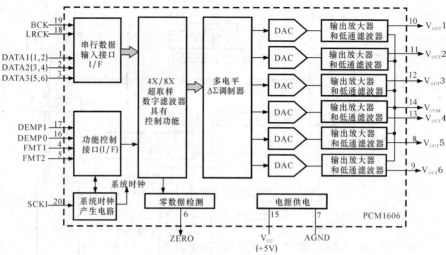

图 2-49　PCM1606 的内部功能图

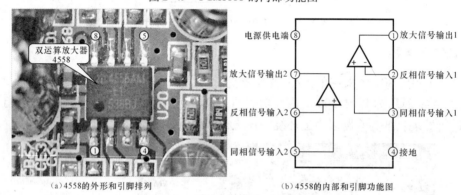

（a）4558 的外形和引脚排列　　　　（b）4558 的内部和引脚功能图

图 2-50　4558 的外形和内部功能图

7. 卡拉 OK 电路

该机还具有卡拉 OK 电路板，如图 2-51 所示，其功能是将由 MIC 接口输入的音频信号在回声信号产生电路 PT2399 中进行放大和混响处理，混响后的音频信号经两路双运算放大器 4558 放大后与激光头读取的音频信息相混合，然后由音频输出接口送入电视监视器或扬声器中。如图 2-52 所示为 PT2399 的内部和引脚功能图。

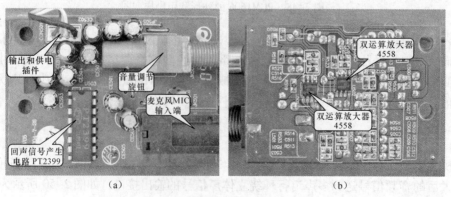

（a）　　　　　　　　　　　　　　　　（b）

图 2-51　卡拉 OK 电路板

第1单元 激光数字视听产品的结构特点和维修技能

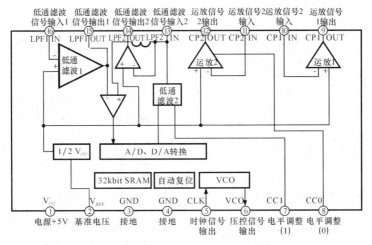

图 2-52　PT2399 的内部和引脚功能图

目前,一些新型的 DVD 机的数字信号处理电路板大都与上述万利达 DVP-801 的结构相同,其信号流程也基本相同,作为初学者,首先应针对一个典型的 DVD 机为例,对其结构和工作原理进行详细的分析,然后试分析一些结构和工作原理基本相同的 DVD 机,下面就将夏新 DVD-830 与万利达 DVP-801 数字信号处理电路板的结构相对照,介绍一下夏新 DVD-830 的结构。如图 2-53 所示为夏新 DVD-830 数字信号处理电路板。

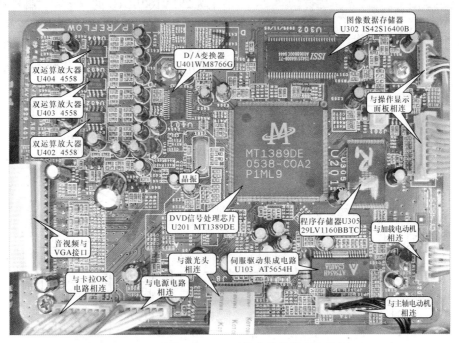

图 2-53　夏新 DVD-830 数字信号处理电路板

夏新 DVD-830 中采用的 DVD 信号处理芯片为 MT1389DE,其外形和引脚排列如图 2-54 所示,该集成电路的引脚数为 256 个,其功能与 MT1389QE 基本相同。

夏新 DVD-830 型 DVD 机中采用的伺服驱动集成电路型号为 AT5654H,其外形和引脚排列如图 2-55 所示,AT5654H 的功能同 PT7954 基本相同。

图 2-54　MT1389DE 的外形和引脚排列图

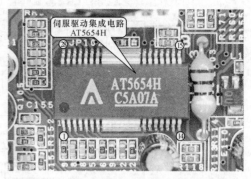

图 2-55　AT5654H 的外形和引脚排列图

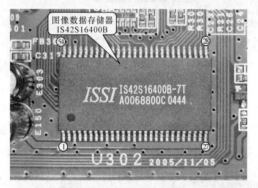

图 2-56　IS42S16400B 的外形和引脚排列图

该机采用一个图像数据存储器 IS42S16400B，其外形和引脚排列如图 2-56 所示，如图 2-57 所示为该集成电路的内部功能图。

该存储器是在解压缩处理过程中暂存图像数据，其容量统称为一帧图像的数据量。

夏新 DVD-830 的数字信号处理电路中采用的程序存储器为 28LV160BBTC，如图 2-58 所示为 28LV160BBTC 的外形和引脚排列图，其内部和引脚功能同 AM29LV800DB 基本相同。

夏新 DVD-830 中采用 WM8766G 作为音频 D/A 变换器，用于将数字信号转变为模拟信号的电路，如图 2-59 所示为 WM8766G 的外形和引脚排列图，其内部功能如图 2-60 所示。

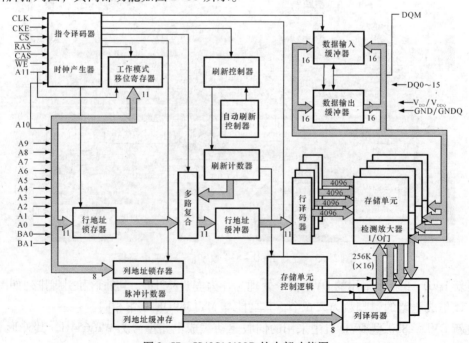

图 2-57　IS42S16400B 的内部功能图

第 1 单元 激光数字视听产品的结构特点和维修技能

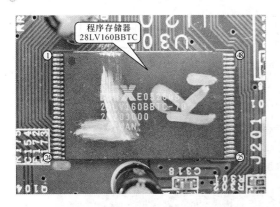

图 2-58 28LV160BBTC 的外形和引脚排列图

图 2-59 WM8766G 的外形和引脚排列图

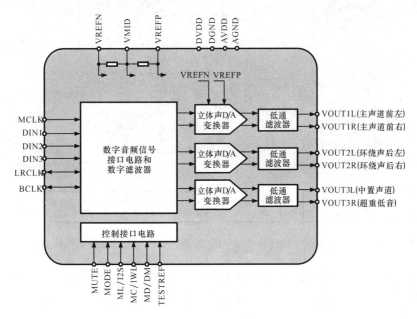

图 2-60 WM8766G 的内部功能图

2.3.2 数字信号处理电路的故障检修流程

了解了典型 DVD 机里面的数字信号处理电路的基本结构和工作流程后，就可以根据数字信号处理电路的结构和工作流程进行故障的检修了，在检修前首先要了解数字信号处理电路的故障检修流程，如图 2-61 所示为万利达 DVP-801 型 DVD 机数字信号处理电路的基本检修流程。

对于数字信号处理电路的检修，主要可以分为以下几个方面来进行检修。

1. 数字信号处理电路工作条件的检测

数字信号处理电路能正常的工作，必须满足数字信号处理电路的工作条件，首先该电路的供电电压要正常，该电路板一般直接用电源供电，+5V、+12V 和 -12V 的输入电压必须正常。

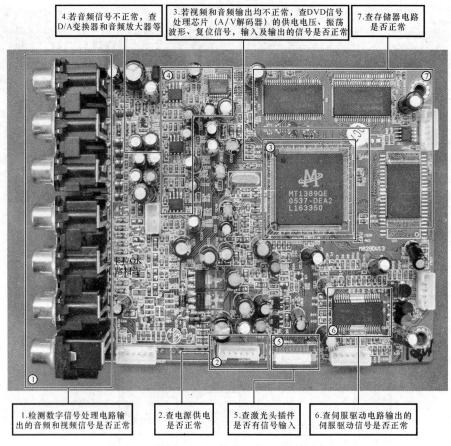

图2-61 万利达DVP-801型DVD数字信号处理电路的基本检修流程

其次，由激光头输送过来的光盘信息送入数字信号处理电路中的DVD处理芯片进行数字处理和A/V解码，若光盘送来的信息不正常，则数字信号处理电路无法正常工作。

2. 解码电路的检修

本机中的A/V解码电路集成到了DVD信号处理芯片中，若解码电路损坏，则会使整机无图像无伴音输出，此时应查解码电路的电源供电电压、晶体振荡器、外存储器等设备，以及外围的电路，在供电状态下测量各引脚的信号波形。

3. 伺服驱动电路的检修

伺服驱动电路是为激光头提供聚焦驱动和循迹驱动信号，以及为进给电动机和主轴电动机提供驱动控制信号，若该电路损坏，则可造成激光头无法正常读取光盘信息，或进给电动机和主轴电动机无法正常动作。

4. 系统控制电路的检修

系统控制电路主要是用来输出控制信号和加载电动机控制信号的，若该电路有故障，则可使DVD机的控制失常，甚至可以造成不开机的故障。出现这种情况时可以检测系统控制电路的供电电压、晶振波形以及复位信号等条件，根据测量结果判断是否系统控制电路本身还是外围电路的故障。

5. 视频输出电路的检修

视频信号经 A/V 解码器后由低通滤波和输出接口电路输出视频图像信号，用示波器顺信号流程检查各电路即可发现故障。一般该电路有故障，可造成 DVD 机输出图像不正常或无图像信号输出。

6. 音频输出电路的检修

音频输出电路一般是由 D/A 变换器、音频放大器和输出接口等部分构成的，若该电路发生故障，则会造成 DVD 机输出的音频信号不正常，可用示波器顺流程检测音频输出电路的关键检测点，即可发现故障。

7. 卡拉 OK 电路的检修

若数字信号处理电路的卡拉 OK 功能失常，则故障可能发生在卡拉 OK 电路，可在工作状态下，用话筒在输入端输入信号，然后检测卡拉 OK 电路板上各关键点的信号波形，即可检测到故障部位。

2.3.3 数字信号处理电路板的维修实训

1. 数字信号处理电路输出视频和音频信号的测量实训

要想判断是否由数字信号处理电路损坏而造成的故障，可以首先检测音频/视频输出端的视频和音频信号是否正常。检测时，将示波器的接地夹接地端，用探头分别接触 DVD 机的视频信号和音频信号输出接口，可以检测到视频信号和音频信号的波形，如图 2-62 所示。

若测得的视频信号和音频信号均正常，则可基本说明数字信号处理电路基本良好；若输出的视频信号和音频信号有一路或都不正常，则要检测数字信号处理电路的工作条件，或者检测相应的视频通道和音频通道部分。

2. 数字信号处理电路工作条件的检测实训

数字信号处理电路的工作条件一般有两个，分别是 +5V、+12V 和 -12V 的电源供电电压正常和激光头送来的信号正常，若数字信号处理电路的工作条件不正常，则该电路无法正常工作。

数字信号处理电路的供电是由电源电路板直接提供的，可直接检测数字信号处理电路板上面的电源供电插件，检测 +5V 供电时，可将万用表调至直流 10V 挡，用黑表笔接地端，用红表笔接 +5V 供电脚，正常时，可以测得 +5V 的供电电压，如图 2-63 所示。

检测 +12V 供电电压的方法同检测 +5V 电压基本相同，只需把万用表调至直流 50V 挡即可；检测 -12V 供电时，需将万用表的两只表笔对调，将红表笔接地端，用黑表笔接触 -12V 供电端，如图 2-64 所示。

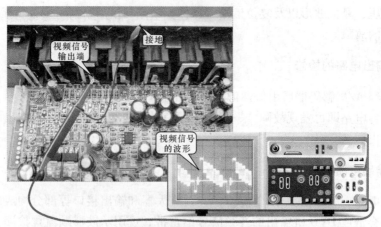

(a) 测量数字信号处理电路输出的视频信号波形

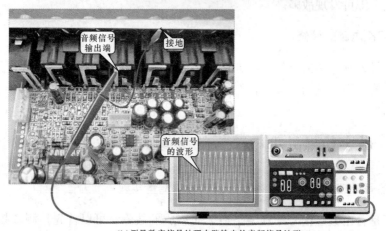

(b) 测量数字信号处理电路输出的音频信号波形

图 2-62　万利达 DVP-801 型 DVD 机输出视频信号和音频信号的测量

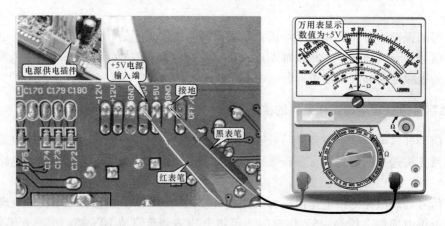

图 2-63　数字信号处理电路 +5V 供电电压的检测

若数字信号处理电路的供电不正常，则证明故障部位在电源电路部分；若供电正常，则应继续检测激光头送来的信号是否正常，激光头的检测可参照前面的章节。

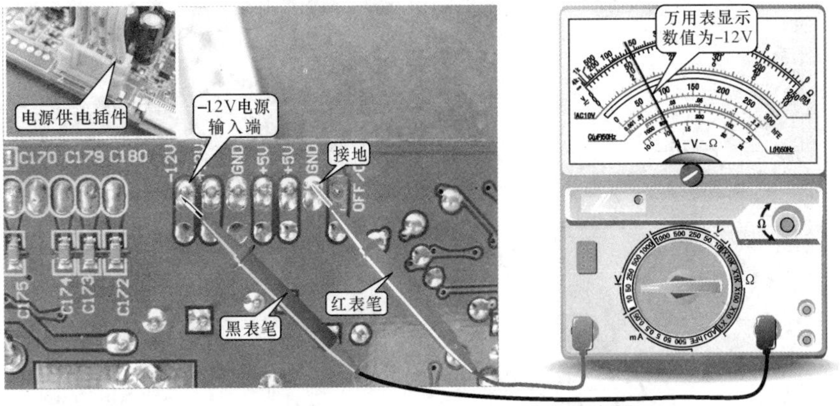

图 2-64　数字信号处理电路 -12V 供电电压的检测

3. DVD 信号处理芯片（A/V 解码芯片）的检测实训

DVD 信号处理芯片 MT1389QE 内部集成了伺服预放、系统控制、A/V 解码等电路，其引脚较多，检测也比较复杂，在检测时可首先检测该电路的工作条件，即供电电压、晶振信号波形。

（1）供电电压的检测

由于 MT1389QE 的功能较多，内部比较复杂，所以供电端也较多，其中58、61、87、108、123、138、151、167脚为 +3.3V 电源供电端，检测时可用万用表调至直流 10V 挡，用黑表笔接地端，用红表笔接触供电脚可以测得 +3.3V 的供电电压，以58号引脚为例，如图 2-65 所示。

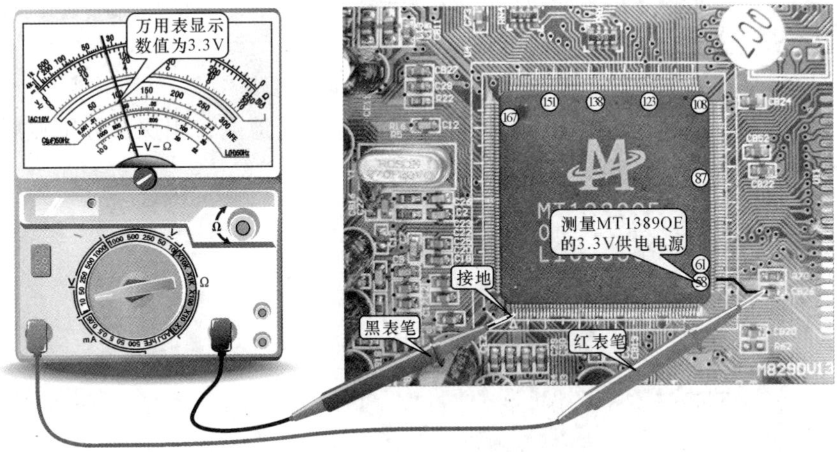

图 2-65　MT1389QE　+3.3V 供电电压的检测

此外，MT1389QE 的48、84、133、156脚为 +1.8V 供电端，若供电正常，则可检测到 +1.8V的供电电压，以48脚为例，如图 2-66 所示。

若 MT1389QE 的供电不正常，则应检测相应的供电电路是否有故障；若供电正常，则应继续检测。

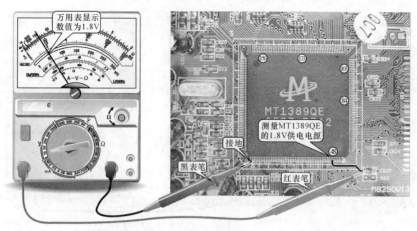

图 2-66　MT1389QE +1.8V 供电电压的检测

（2）晶振信号的检测

晶振信号也是 MT1389QE 的工作条件之一，若无，MT1389QE 无法正常工作。该电路的晶振信号是由 MT1389QE 时钟电路及⑲、⑭脚外接的晶体 Y1 构成的，如图 2-67 所示。

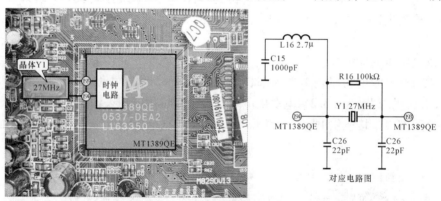

图 2-67　MT1389QE 的晶振电路

可用示波器进行检测，检测时，将示波器的接地夹接地端，用探头分别接触晶体 Y1 的引脚，可以测得晶振信号的波形，如图 2-68 所示。

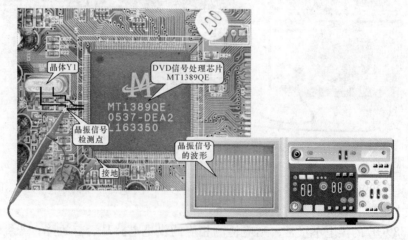

图 2-68　晶振信号波形的检测

第1单元 激光数字视听产品的结构特点和维修技能

若 MT1389QE 的晶振信号不正常，则可能是晶体 Y1 损坏或该集成电路损坏，对于晶体 Y1 的检测，在开路的情况下，晶体两脚间的阻值应为无穷大，若出现阻值趋于 0 或有固定阻值的情况下，则证明晶体已经损坏，如图 2-69 所示。若无穷大，则可用同型号的晶体进行代换，用代换法来判断是晶体损坏还是 MT1389QE 的故障。在电路板上测量晶体的阻值时，可能会受电路板上周围元器件的影响，测量时会出现一定的误差，若想判断晶体的好坏，最好拆下测量。

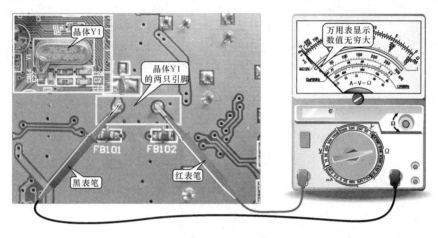

图 2-69 晶体 Y1 的检测

若 MT1389QE 的供电和晶振信号均正常，则可检测其他主要引脚输出的信号波形是否正常。

（3）输出视频和音频信号的检测

在保证激光头有信息正常的送入 MT1389QE 输入端的同时，可以检测 MT1389QE 输出视频信号和音频信号的方法来判断它的好坏。

将 DVD 机与监视用电视机相连，并放入标准测试盘，使 DVD 机播放标准测试盘的标准彩条信号，该部分的伴音为 1kHz 的音频信号。首先检测 MT1389QE⑰、⑱和⑲脚输出的亮度信号、色度信号和复合视频输出波形是否正常，如图 2-70 所示为检测 MT1389QE 输出的亮度信号波形。色度信号和复合视频信号输出波形如图 2-71 所示。

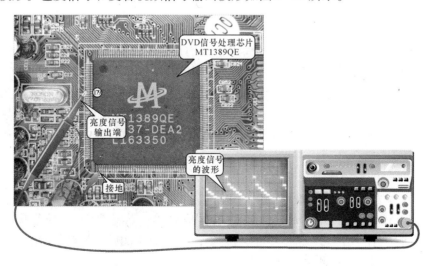

图 2-70 检测 MT1389QE 输出的亮度信号波形

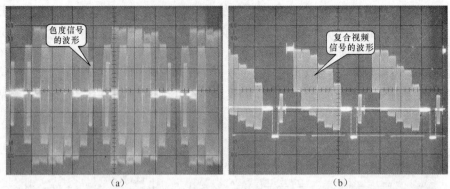

图 2-71 色度信号和复合视频信号输出波形

数字音频信号是由 MT1389QE 的⑭、⑮、⑯脚输出的,用示波器接触这三个引脚时可以测得数字音频信号的波形,如图 2-72 所示。

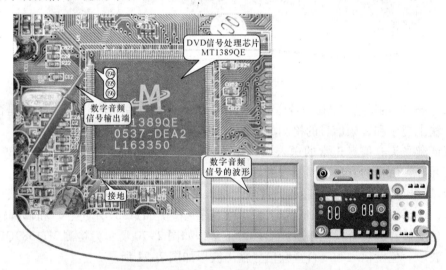

图 2-72 MT1389QE 输出的数字音频信号

若 MT1389QE 的供电、晶振波形及输入信号均正常,而输出的视频和音频信号均不正常,则 MT1389QE 可能损坏;若视频和音频信号输出均正常,则说明 MT1389QE 基本良好;若 MT1389QE 输出的视频信号正常,而数字信号处理电路板输出的视频信号不正常,则应检查视频输出电路中相应的分立元件;若 MT1389QE 输出的音频信号正常,而数字信号处理电路板输出的音频信号不正常,则应检查音频输出电路中的 D/A 变换器和运放等元件是否正常。

(4)其他信号波形的检测

MT1389QE 除了输出视频和音频信号,同时还输出伺服控制信号、LR 时钟信号、BCK 数据信号,同时还有与存储器相连的各种数据信号等,若这些信号不正常,也会造成 MT1389QE 不能工作或部分功能失常。若数字信号处理电路出现故障,也可通过对 MT1389QE 各引脚波形的检测来判断它的好坏。

首先检测 MT1389QE 的㉛、㉜、㊲、㊳、㊶、㊷脚输出的伺服控制信号,以㊳脚为例,

第1单元 激光数字视听产品的结构特点和维修技能

在正常播放光盘的情况下,在㊳脚可以测得伺服信号的波形,如图2-73所示。

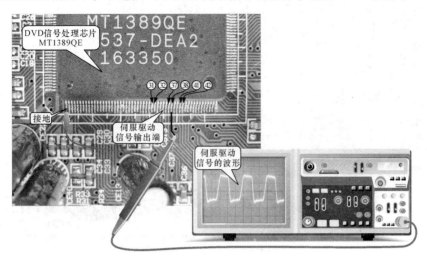

图2-73 MT1389QE输出伺服信号的检测

㊺脚输出的LR时钟信号与㊻脚输出的BCK数据信号测量的方法同上,其波形如图2-74所示。

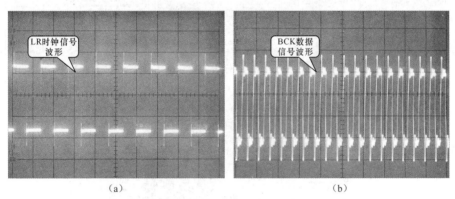

图2-74 LR时钟信号和BCK数据信号的波形

此外,MT1389QE同时还与数据存储器和程序存储器进行数据的存储和读取。若MT1389QE或存储器损坏也会造成DVD机无法正常工作。可用检测其波形的方法来判断它们的好坏,如图2-75所示为测量程序存储器的数据波形,以㊽脚测得的AD0信号为例。MT1389QE其他引脚的波形如图2-76所示。

若上面测得的波形不正常,应对MT1389QE本身或外围电路进行检测。在供电和输入信号都正常的情况下,可能MT1389QE本身已经损坏。

4. 音频输出电路的检测实训

万利达DVP-801型DVD机的音频输出电路主要是指音频D/A变换器PCM1606和用来放大音频的双运算放大器4558,若MT1389QE输出的数字音频信号正常,而DVD机还是无法正常发出声音,则应对音频输出电路进行检测。

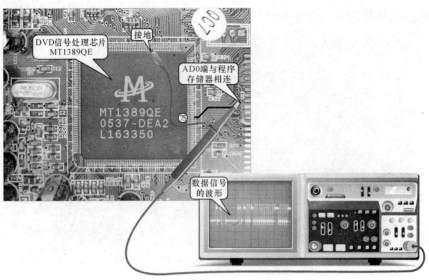

图 2-75　检测程序存储器的数据波形

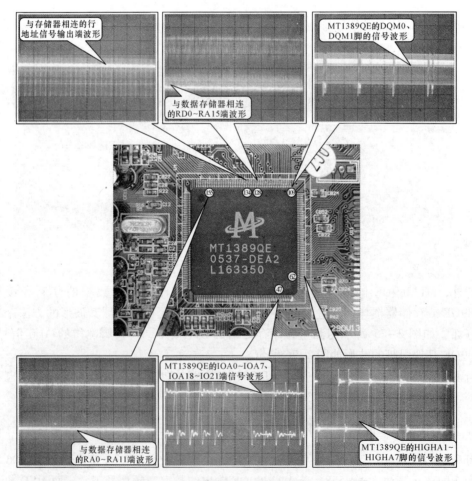

图 2-76　MT1389QE 其他引脚的波形

第 1 单元　激光数字视听产品的结构特点和维修技能

（1）音频 D/A 变换器 PCM1606 的检测

万利达 DVP－801 型 DVD 机中的音频 D/A 变换器 PCM1606 主要是用来将 MT1389QE 送来数字芯片信号进行处理，变为模拟信号后送往音频放大电路，若该电路损坏，则可造成 DVD 机无声的故障，此时就需要对 PCM1606 进行检测。

首先，检测 PCM1606 ⑮脚的 +5V 供电电压是否正常，测量时，将万用表调至直流 10V 挡，用黑表笔接地端，用红表笔接⑮脚，正常时应有 +5V 电压输入，如图 2-77 所示。

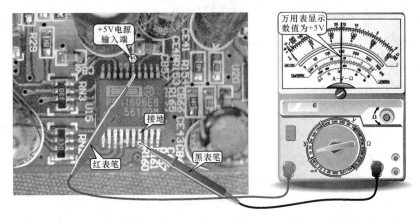

图 2-77　PCM1606 供电电压的检测

若供电电压正常，则可检测 PCM1606 ①、②、③脚输入的数字音频信号是否正常，用示波器的探头接触这些引脚时，可以测得数字音频信号的波形，如图 2-78 所示。

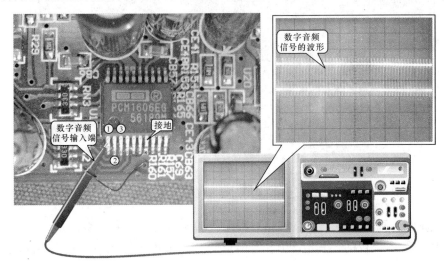

图 2-78　PCM1606 输入数字音频信号的检测

若供电和输入的数字音频信号正常，则可检测 PCM1606 的⑧、⑨、⑩、⑪、⑫、⑬脚输出的模拟音频信号是否正常，其检测方法和波形如图 2-79 所示。

若供电和输入的数字音频信号均正常，而输出的模拟音频信号不正常或无音频信号输出，则证明 PCM1606 可能损坏。若 PCM1606 输出的模拟音频信号正常，则应继续检测音频放大电路。

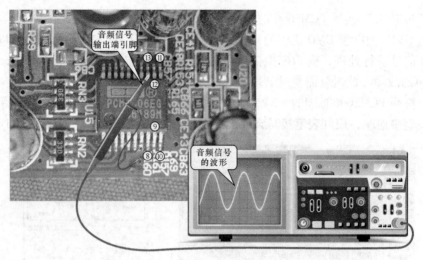

图 2-79　PCM1606 输出的模拟音频信号

（2）音频放大器 4558 的检测

双运算放大器 4558 是用来放大由 PCM1606 输出的模拟音频信号，对于它的检测，可以用检测其供电电压及输入音频信号和输出音频信号的方法来判断它的好坏。

首先检测 4558⑧脚的供电电压，正常时，该脚应有 +12V 的供电电压输入，其检测方法如图 2-80 所示。

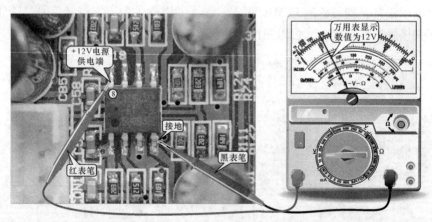

图 2-80　4558 +12V 供电电压的检测

若供电正常，则可检测 4558②脚和⑥脚输入的模拟音频信号是否正常，4558 输入音频信号是由 PCM1606 提供的，其检测方法和波形同 PCM1606 的输出波形基本相同，在此不再复述。

若供电和输入音频信号均正常，则可检测 4558 放大后的音频信号是否正常，4558 的①脚和⑦脚为音频信号输出端，用示波器可检测到放大后的音频信号波形，如图 2-81 所示。

若输入的音频信号正常而输出的音频信号不正常，则说明 4558 可能损坏；若输入和输出的音频信号都正常，DVD 还是无法正常发出声音，则应检测音频输出电路上的阻容元件或者其他电路。

第 1 单元 激光数字视听产品的结构特点和维修技能

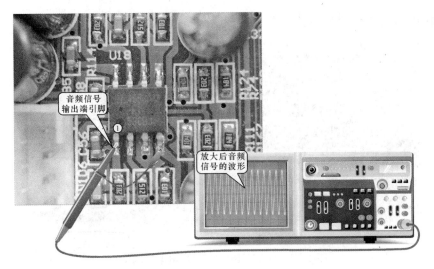

图 2-81　4558 输出音频信号的检测

5. 存储器的检测实训

数据存储器 U8、U9（HY57V161610ET）和程序存储器 U11（AM29LV800DB）主要是用来存储 DVD 机所需各种数据和程序的电路，它们直接与 MT1389QE 相连，用来进行数据的读取和存储工作。HY57V161610ET 的引脚功能在前面的章节中已经讲过，在此不再复述。

（1）数据存储器 HY57V161610ET 的检测

HY57V161610ET 的 DQ0~DQ15 端为数据 I/O 接口，在正常的工作状态下，用示波器接触这些引脚时可以测得数据信号的波形，如图 2-82 所示。

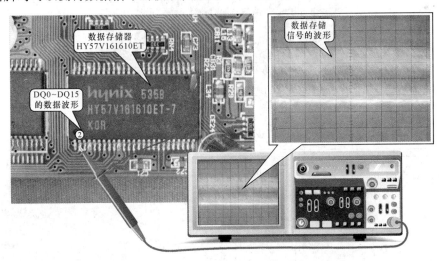

图 2-82　HY57V161610ET 数据信号波形的检测

此外，HY57V161610ET 若想正常的工作，还需要在①、⑬、㉕、㊳和㊹脚输入 +3.3V 的电源供电，其检测方法如图 2-83 所示。

HY57V161610ET 其他引脚的波形如图 2-84 所示，若这些信号波形不正常，则证明

HY57V161610ET 本身或外围电路存在故障。

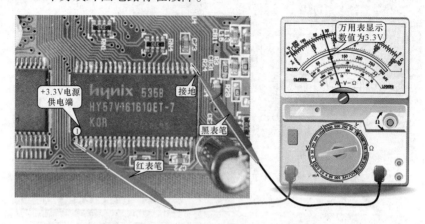

图 2-83　HY57V161610ET 供电电压的检测

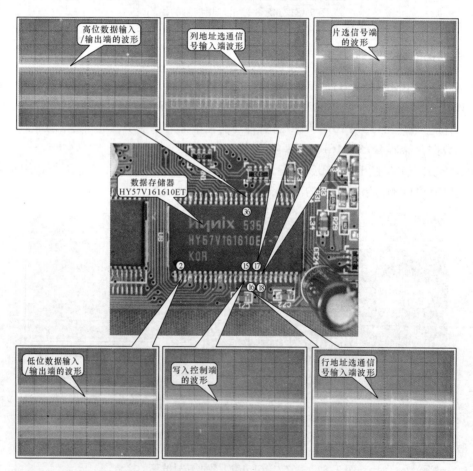

图 2-84　HY57V161610ET 其他引脚的波形

（2）程序存储器 AM29LV800DB 的检测

同数据存储器相同，程序存储器 AM29LV800DB 的地址信号经 A0～A18 输入，进行锁存和译码后，存储到芯片内部的存储单元里。数据信号由 DQ0～DQ15 端进行读取和存储测量时可在①~⑧、⑯~㉕、㊽脚测得地址信号的波形,以⑲脚测得的 A6 信号为例,如图 2-85 所示。

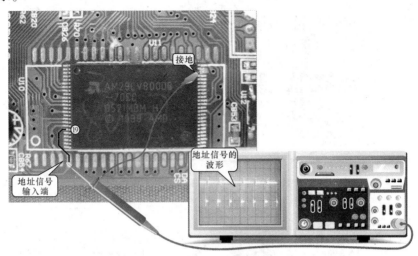

图 2-85 地址信号波形的检测

数据信号 DQ0~DQ15 的波形可在㉙~㊱、㊳~㊵脚测得,如图 2-86 所示。

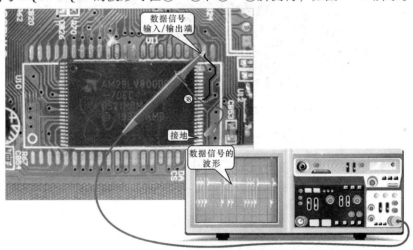

图 2-86 数据信号波形的检测

AM29LV800DB 供电电压是由㊲脚提供的,用万用表测量时可以测得 +5V 的供电电压,其测量方法如图 2-87 所示。若该电路的供电和输入信号波形都正常,而输出波形不正常或无法正常存储信息,则证明芯片内部已经损坏。

6. 伺服驱动电路的检测实训

万利达 DVP-801 型 DVD 机中采用的伺服驱动电路为 PT7954,PT7954 主要是用来控制聚焦线圈、循迹线圈的位置,以及进给电动机和主轴电动机的动作,若该电路发生故障,则可造成激光头无法读取光盘信息,从而使整机无输出或不读盘。

首先,检测 PT7954 的⑧脚、⑨脚的 +12V 供电电压,正常时,这些脚都应有 +12V 的供电电压输入,如图 2-88 所示。

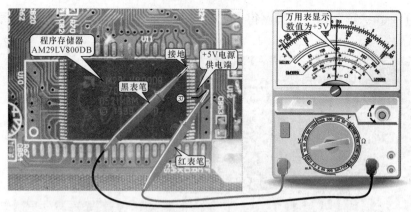

图 2-87 AM29LV800DB 供电电压的检测

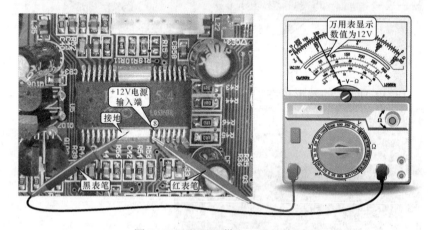

图 2-88 PT7954 供电电压的检测

PT7954 的⑬、⑭脚为聚焦线圈驱动信号输出端，用示波器接触该引脚时可以测得聚焦线圈驱动信号的波形，如图 2-89 所示。

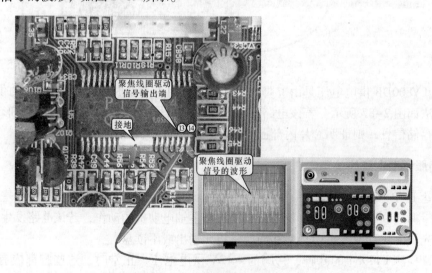

图 2-89 聚焦线圈驱动信号的检测

第 1 单元　激光数字视听产品的结构特点和维修技能

此外，PT7954 的⑮、⑯脚为循迹线圈驱动信号输出端，用示波器可以测得循迹线圈驱动信号的波形，其具体检测方法和波形如图 2-90 所示。

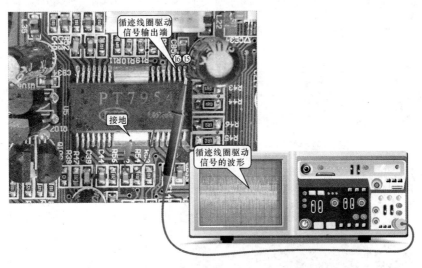

图 2-90　循迹线圈驱动信号的检测

检测 PT7954⑪、⑫脚输出的主轴电动机驱动信号，使 DVD 机处于播放的状态下，用示波器的探头分别接在这两个脚上，可以测得主轴电动机驱动信号的波形，如图 2-91 所示。当 DVD 机处于暂停和快进状态时，主轴电动机驱动信号的波形如图 2-92 所示。

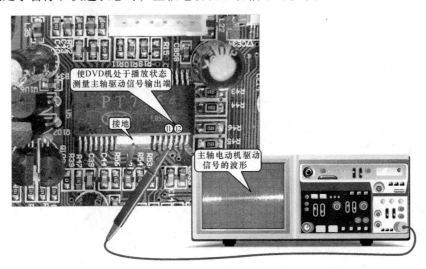

图 2-91　主轴电动机驱动信号的检测

PT7954 的⑰、⑱脚为进给电动机驱动信号输出端，在正常播放的状态下，可以用示波器检测到进给电动机驱动信号的波形，如图 2-93 所示。在暂停和快进状态时，进给电动机驱动信号的波形如图 2-94 所示。

在 PT7954 供电电压及输入信号正常的情况下，若输出的驱动信号不正常，则证明该芯片已经损坏。

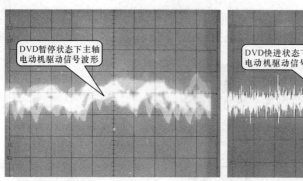
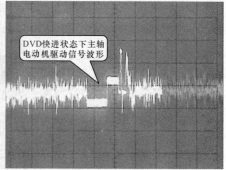

图 2-92　暂停和快进状态的主轴电动机驱动信号波形

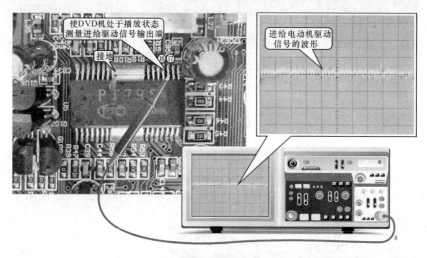

图 2-93　进给电动机驱动信号的检测

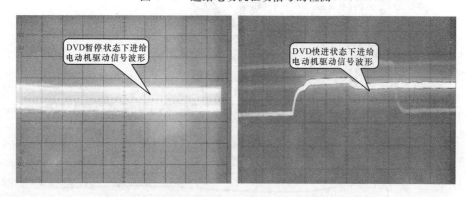

图 2-94　暂停和快进状态的进给电动机驱动信号波形

此外，在集成电路的检测中，还可以测量其正反向阻值的方法来判断它的好坏，下面就以 PT7954 为例，来介绍一下用测量其正反向阻值的方法来判断集成电路芯片的好坏。测量时需将万用表调至电阻挡，首先测量正向阻值，将万用表的黑表笔接地端，用红表笔依次接触 PT7954 的各引脚，如图 2-95 所示。

第1单元 激光数字视听产品的结构特点和维修技能

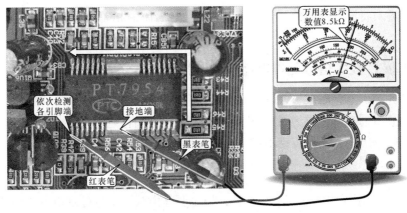

图 2-95 PT7954 正向阻值的检测

测量反向阻值时，需将万用表两表笔对调，用红表笔接地端，用黑表笔接触 PT7954 的各个引脚，观察万用表的读数，可以测得反向阻值，如图 2-96 所示。正常情况下 PT7954 各引脚的正反向阻值见表 2-2。

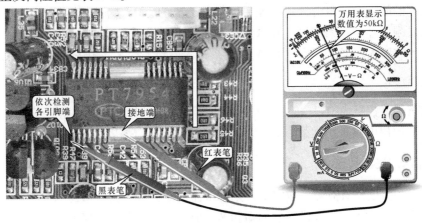

图 2-96 PT7954 反向阻值的检测

表 2-2 PT7954 各引脚的正反向对地阻值

引脚号	正向阻值（kΩ）黑表笔接地	反向阻值（kΩ）红表笔接地	引脚号	正向阻值（kΩ）黑表笔接地	反向阻值（kΩ）红表笔接地
①	8.5×1k	50×1k	⑮	6.2×1k	44×1k
②	8.5×1k	30×1k	⑯	6.2×1k	44×1k
③	8.5×1k	30×1k	⑰	6.2×1k	44×1k
④	5.5×1k	6.5×1k	⑱	6×1k	44×1k
⑤	8×1k	30×1k	⑲	0	0
⑥	7.5×1k	30×1k	⑳	6×1k	40×1k
⑦	6×1k	30×1k	㉑	3.2×1k	11.5×1k
⑧	4.5×1k	11×1k	㉒	0	0
⑨	4.5×1k	11×1k	㉓	8.5×1k	29.5×1k
⑩	0	0	㉔	8.5×1k	50×1k
⑪	6.2×1k	40×1k	㉕	8.5×1k	50×1k
⑫	6.2×1k	40×1k	㉖	8.5×1k	40×1k
⑬	6.2×1k	40×1k	㉗	5.5×1k	6.5×1k
⑭	6.2×1k	44×1k	㉘	4.2×1k	7×1k

测量完毕后对将测得的阻值与标准值进行对照，若阻值相差太大即可判断该集成电路可能已经损坏。

【技能扩展】数字信号处理电路板的故障表现

数字信号处理电路是新型 DVD 机中的重要组成部分，也是处理信号和控制驱动的关键部位，若发生故障，则可造成无图无声、有图无声、无图有声、不能读取光盘信息、不能驱动电动机、不能进出仓、操作按键不灵、不能存储图像信息等故障。

1. 无图无声

造成 DVD 机无图无声的故障有很多种，但主要是由数字信号处理电路中的 A/V 解码芯片或伺服系统造成的。若解码芯片故障，则无法对 RF 信号中的视频和音频信号进行分离，使输出的信号不正常，DVD 机往往不能正常工作、停机、无图无声。

2. 有图无声

有图无声的故障可能是由音频处理通道部分造成的，DVD 机中的 RF 信号经 A/V 解码后分别输出视频信号和音频信号，若图像信号正常，则说明音/视频信号公共部分及视频处理部分正常，故障大多发生在音频 D/A 变换器、音频放大器或音频接口电路等部分。

3. 无图有声

无图有声大多数是由 DVD 机中的视频通道部分出现故障造成的，有声表明数字信号处理电路、A/V 解码电路是正常的，故障多出在视频输出接口等电路。

4. 不能读取光盘信息

激光头或相关电路有故障，数字信号处理电路伺服处理电路有故障都会引起不读盘的故障。伺服驱动电路为激光头提供聚焦驱动和循迹驱动信号，若该电路有故障，则激光头也无法正常读取光盘信息。

5. 主轴或进给电动机不转

数字信号中的伺服驱动电路主要是用来驱动进给电动机、主轴电动机的旋转和动作，微处理器直接驱动控制加载电动机的旋转和动作，若数字信号处理电路中的伺服系统或微处理器有故障，则无法正常驱动控制进给电动机、主轴电动机或加载电动机动作，从而造成影碟机中电动机不转等故障。

6. 不能装卸光盘、操作按键不灵

不能装卸光盘、操作按键不灵很显然是数字信号处理电路中的系统控制电路有故障，系统控制电路中的微处理器（CPU）主要是为整机提供控制信号的，由操作面板送来的按键信息首先送到 CPU 中进行处理，然后输出控制信号，来控制光盘的播放，若系统控制电路损坏，则可造成按键不灵的故障。此外，CPU 还为加载电动机提供进出仓控制信号，若损坏，则使 DVD 机无法正常装卸光盘。

第 2 单元

MP3/MP4 数码机的结构特点和维修技能

综合教学目标：了解 MP3/MP4 数码机的结构、功能、工作原理和检修方法。

岗位技能要求：能根据图纸资料对典型 MP3/MP4 数码机的单元电路及主要元器件进行检测。

掌握 MP3 数码机的结构特点和检修方法

教学要求和目标：掌握 MP3 数码机的结构特点、信号流程、工作原理和检修方法。

任务1.1　MP3 数码机的整机结构和工作原理

1.1.1　MP3 数码机的整机结构

MP3 机主要是以播放或记录音频节目为主的数码产品，该机所播放的音频文件为 MP3 格式，如图 1-1 所示为 MP3 机整机结构图。

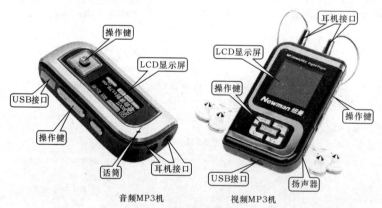

图 1-1　MP3 机整机结构图

MP3 机的内部主要采用了音频处理芯片，可以播放出音质较高的效果。视频 MP3 机比音频 MP3 机要多出一个 1.5~2.2 英寸之间的 LCD 显示屏，可以用来观看一些特定格式的图片或视频，但还是以播放 MP3 音乐格式的文件为主。

如图 1-2 所示为 MP3 机的结构和功能示意图，通过 USB 接口下载网上的音乐文件，存储到 MP3 机的存储器电路中，然后通过音频信号处理芯片对数据信息处理后，再变成模拟音频信号，就可以通过耳机收听音乐节目。MP3 机还具有多种功能，如通过话筒电路将收集到的声音素材录制到 MP3 机中进行存储；接收 FM 收音节目，经过 CPU 和解码电路的处理，由耳机电路收听等。这些工作状态都可以通过 LCD 显示屏显示出来。

第 2 单元　MP3/MP4 数码机的结构特点和维修技能

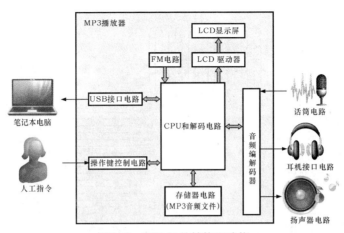

图 1-2　MP3 机的结构和功能

MP3 机的核心电路是微处理器和音频信号处理器合二为一的集成芯片，简称 CPU 和解码器芯片，不同的机型采用的芯片型号不同，但基本功能相同，典型的芯片如图 1-3 所示。

图 1-3　典型的 CPU 和解码器芯片

1.1.2　MP3 数码机的电路结构

1. CPU 和解码器芯片的结构

图 1-4 所示为 MP3 机的 CPU 和解码器芯片 ACU7505 及其外围电路，该电路与外围电路配合实现 MP3 机的播放器的所有功能，如 CPU 和解码器 U1 中的存储器接口用来与外部存储器相连，进行数据和程序的存取；时钟电路与外部晶体谐振产生芯片所需要的时钟信号；其他接口与外围电路相连进行数据的传输，其中包括 USB 接口、通用接口、电源接口等。

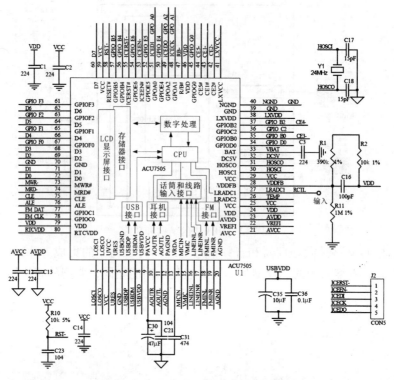

图 1-4　MP3 机的 CPU 和解码器电路

2. 存储器电路的结构

存储器电路是存放 MP3 机的程序和数据的芯片，其型号很多，常用的存储器电路如图 1-5 所示，存储芯片的容量越大，所存储的节目内容越多。

图 1-5　常用的存储器电路

第 2 单元　MP3/MP4 数码机的结构特点和维修技能

图 1-6 所示为 ACU7505 芯片的外接存储器电路，为了满足 CPU 和解码器芯片工作时存储数据容量大的要求，设置了两个存储器，分别为 U2 和 U3。这两个存储器电路的结构是完全一致的，都是由 K9K1G28UOM 芯片构成的，存储器的主要引脚功能示于图中。由于存储器属于半导体器件，因而工作时也需要直流电源供电（V_{CC}）。

3. 音频电路的结构

MP3 机的音频电路通常包括音频编解码器、话筒放大器及录音电路、FM 收音电路、耳机电路、扬声器驱动电路等。如图 1-7 所示为 MP3 机常见的音频电路及相关器件。

如图 1-8 所示为典型 MP3 机的 FM 收音电路，该电路的芯片为 JFR-104，在收音状态时，耳机的插座

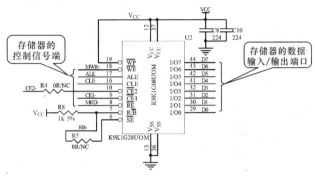

图 1-6　ACU7505 芯片的外接存储器电路

作为 FM 收音电路的天线，天线收到的调频广播节目信号送到 JFR-104 的①脚，该信号是广播电台发射的射频载波。在 JFR-104 芯片中进行高放、混频、中放、鉴频等处理，解调出音频信号，然后由④、③脚送到 CPU 和解码器电路 ACU7505 中进行处理，JFR-104 的⑩脚和⑨脚接收来自主芯片 CPU 的控制数据信号、时钟信号。电源经 Q1 为 JFR-104 供电。

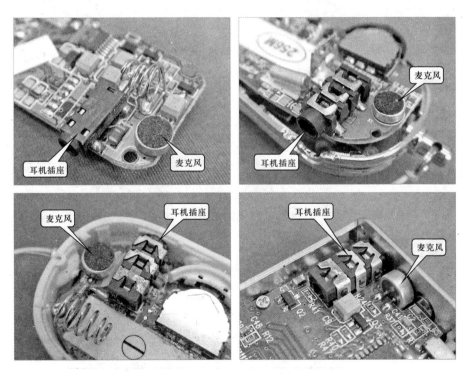

图 1-7　MP3 机常见的音频电路及相关器件

4. 操作显示控制电路的结构

操作显示控制电路是 MP3 机进行人工指令输入/输出的组成部分，如图 1-9 所示，不同机型的操作显示控制电路的样式各有不同。

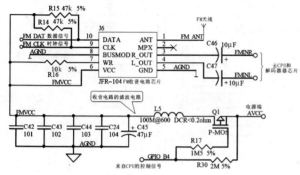

（1）操作电路

图 1-10 所示为采用 ACU7505 芯片 MP3 机的操作电路，是一个典型的电阻分压式操作电路，该电路一共有 8 个功能开关和一个拨轮开关，通过分压电阻，将不同按键产生的直流电压信号通过操作指令线路送入 CPU 和解码芯片电路中去，这种操作电路与 CPU 和解码器电路之间只需要一个引脚相连即可。

图 1-8 典型 MP3 机的 FM 收音电路

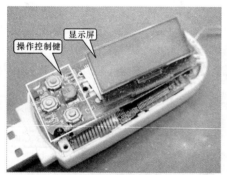

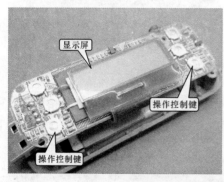
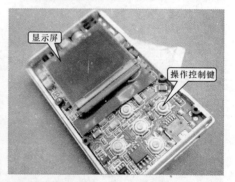

图 1-9 操作显示控制电路

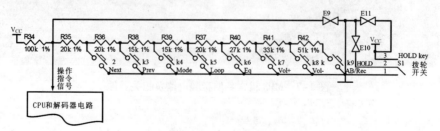

图 1-10 MP3 机的操作电路

第 2 单元　MP3/MP4 数码机的结构特点和维修技能

（2）显示及供电电路

如图 1-11 所示为采用 ACU7505 芯片 MP3 机的 LCD 升压电路，由于 LCD 显示器工作时需要较高的直流供电电压，因而该电路采用升压方式，将电池供电的电压升高。

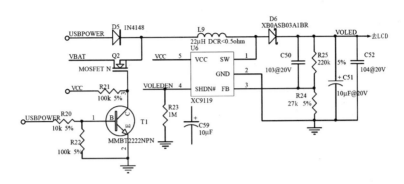

图 1-11　MP3 机的 LCD 升压电路

5. USB 接口电路的结构

USB 接口电路是 MP3 机传输数据的重要电路，其外形接口可以分为 U 盘式接口和数据线接口，而数据线按接口又可以分为大 USB 数据接口和小 USB 数据接口，如图 1-12 所示。

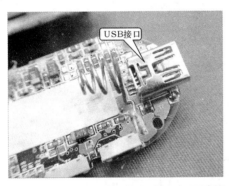

图 1-12　典型的 USB 接口

如图 1-13 所示为采用 ACU7505 芯片 MP3 机的 USB 接口电路，USB 接口是连接计算机进行数据传输的通道。计算机主机的音频/视频文件可以通过 USB 接口输入到 MP3 机中。

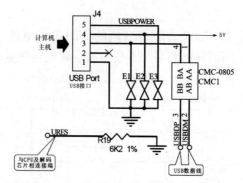

图 1-13　MP3 机的 USB 接口电路

6. 电源电路的结构

（1）电池电路

图 1-14 所示为采用 ACU7505 芯片 MP3 机的电池供电电路。

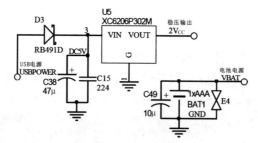

图 1-14　MP3 机的电池供电电路

（2）基准电压形成电路

图 1-15 所示为采用 ACU7505 芯片 MP3 机的基准电压产生电路。

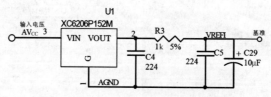

图 1-15　MP3 机基准电压产生电路

（3）整流滤波电路

图 1-16 所示为采用 ACU7505 芯片 MP3 机的整流滤波电路。

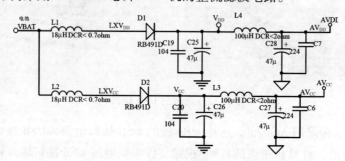

图 1-16　MP3 机的整流滤波电路

1.1.3 MP3 数码机的拆卸实训

对 MP3 机进行拆卸时,要注意 MP3 机的固定螺钉及按钮等微型器件的放置,以免在重新安装时丢失。下面就以典型 MP3 机的拆卸为例演示一下 MP3 机的拆卸方法。

1. 数据线接口 MP3 机

数据线接口 MP3 机的拆卸步骤如下。

① 由于拆卸所选择的机型为使用 AAA 电池供电,因此,在对其进行拆卸前先将 MP3 机的电池盖打开,将电池卸下,以防止在拆卸过程中 MP3 机短路等故障的发生。

② 取下电池后,使用一字螺丝刀将 MP3 机的外壳撬开,撬开外壳时要注意外壳之间的卡扣。此时,就可以看到 MP3 机的电路板了。

③ 将 MP3 机的外壳撬开后,选择合适的螺丝刀拧下 MP3 机电路板的固定螺钉。

④ 翻开电路板,可以看到在 LCD 显示屏的一端,电路板与 MP3 机的外壳之间还有固定螺钉,对两者进行固定。

⑤ 使用螺丝刀将 LCD 显示屏一端的固定螺钉拧下。

⑥ 将螺钉拧下后,便可以取下 MP3 机电路板了。

【实训演练】

数据线接口 MP3 机的拆卸方法如图 1-17 所示。

2. U 盘接口 MP3 机

U 盘接口 MP3 机的拆卸步骤如下,参照如下的操作演示。

① 该机型同样采用的是 AAA 电池供电,因此,要先将 MP3 机的电池取下,以防止 MP3 机短路等故障的发生。

② 取出电池后,再将 MP3 机 USB 接口处的外壳取下。

③ 然后,使用一字螺丝刀将 MP3 机的外壳撬开,并且撬开外壳时,要注意 MP3 机外壳之间的卡扣。这时,就可以看到 MP3 机的电路板了。

④ 选择合适的十字螺丝刀,将 MP3 机电路板的固定螺钉拧下。

⑤ 拧下螺钉后,再使用一字螺丝刀,将 MP3 机 LCD 显示屏一端的外壳撬开。将 MP3 机 LCD 显示屏一端撬开后,可以发现在 LCD 显示屏一端还有固定螺钉将 MP3 机电路板与外壳进行固定。

⑥ 使用螺丝刀,将 LCD 显示屏一端的固定螺钉拧下。此时,该 MP3 机的拆卸便已经完成了。

【实训演练】

U 盘接口 MP3 机的拆卸方法如图 1-18 所示。

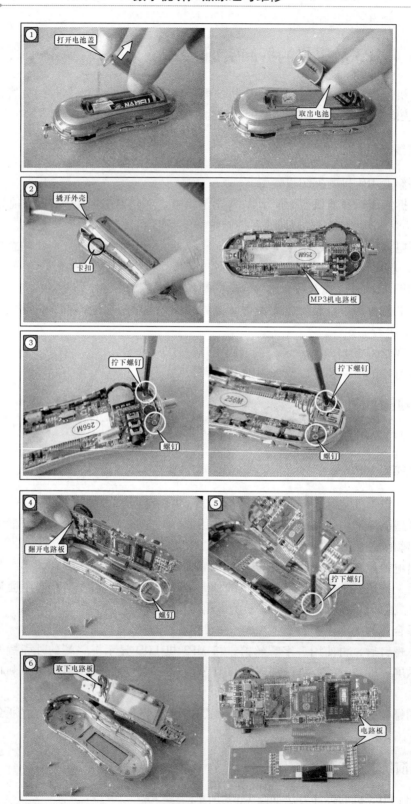

图 1-17 数据线接口 MP3 机的拆卸方法

第2单元 MP3/MP4 数码机的结构特点和维修技能

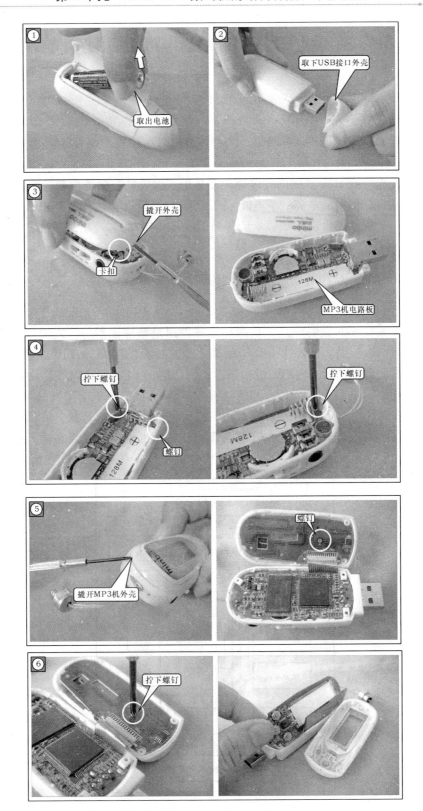

图 1-18 U 盘接口 MP3 机的拆卸方法

1.1.4　MP3 数码机 CPU 和解码器电路的检测实训

1. MP3 数码机的故障表现

（1）故障现象

CPU 和解码器芯片的集成度比较高，当出现故障时往往就表现为不能正常开机。

（2）故障产生的原因分析

现在市场上流行的 MP3 机的内置电池大多是用双面胶粘在机器内部，而 CPU 和解码器芯片是配片式超大规模集成电路，它与电路板之间的焊接引脚往往受到电池压力的影响或 MP3 机受到冲击、振动而出现虚焊，从而导致 CPU 和解码器芯片出现故障，而该芯片本身的故障相对较少。

2. MP3 数码机 CPU 和解码电路的检测实训

（1）SPCA7550 芯片的检测

MP3 机是非常精细的数码产品，其内部元器件都是贴片元器件，因而在检修时，一定要有其电路原理图来辅助。如果找不到与品牌、型号相应的电路原理图，可以查找与 CPU 和解码电路芯片的型号相同的电路图进行参考。因为同一 CPU 和解码器芯片的 MP3 机的整机结构基本相同，如图 1-19 所示为 SPCA7550 芯片 MP3 机的整机电路方框图，它是一个以 MP3 机解码芯片为中心的信号处理系统，MP3 机可以通过话筒进行录音，话筒输出的音频信号可以直接送入 MP3 机解码芯片。外部的音响设备，也可以通过线路输入接口录制双声道立体声的信号，还可以通过 USB 接口下载计算机中的音频节目，这些信号经数字处理

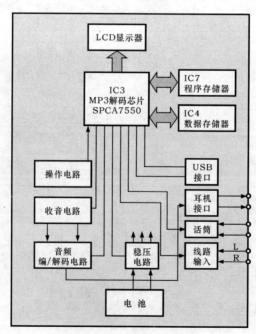

图 1-19　SPCA7550 芯片 MP3 机的整机电路方框图

第 2 单元　MP3/MP4 数码机的结构特点和维修技能

和数据压缩后存储在存储器中，存储器还可以存储音频数据信号，也可以存储 MP3 机的工作程序。在 MP3 机中还具有收音电路，可当收音机使用。当播放 MP3 机的音频节目时，MP3 机解码芯片输出数字音频信号送入音频编/解码器，经解码和 D/A 变换，变成模拟信号送到耳机接口。操作电路为 MP3 机的 CPU 提供人工指令，电源电路为整机供电，液晶显示屏（LCD）显示工作状态及字符。

如图 1-20 所示为 SPCA7550 芯片 MP3 机的实物图与整机结构，由图中可见，它是由许多微型电子元器件构成的。

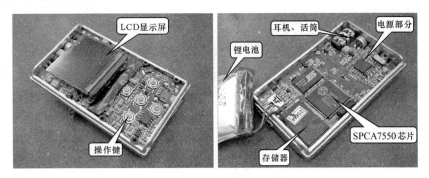

图 1-20　SPCA7550 芯片在 MP3 机中的安装部位

图 1-20 中显示出了 MP3 机中电路板两侧的电子元器件的安装位置及外形特征。SPCA7550 是将数字信号处理电路和微处理器电路集成于一体的超大规模集成电路，通过引脚与外围电路相连，是 MP3 机中的核心电路。

操作按键与 CPU 和解码芯片相连，为 CPU 和解码芯片输入人工指令。

USB 接口为 CPU 和解码芯片提供数据信号。

话筒和线路输入与外部存储器相连，进行数据存取。

LCD 显示接口为显示屏提供驱动信号。

此外，CPU 和解码芯片还输出各种电路的控制信号，使各种电路在 CPU 和解码芯片的控制下，按照程序进行工作。

① 先使用万用表检测电池的电量，若仅为 0.65V，就不能再使用了。

注意：检测电池的电量，实际上就是检测电压值，因此，不但要将万用表调到电压挡进行检测，还要注意红黑表笔的连接状态，即红表笔接电池正极，黑表笔接电池负极。

② 将膨胀的电池从 MP3 机上取下来，为了检测方便，不要从电池与电路板之间的焊点处拆卸电池，要将电池的负极的引线留在 MP3 机上，便于检测过程中充当地线使用。

③ 没有了电池给 MP3 机供电，可以使用数据线将 MP3 机与计算机相连，由 USB 接口提供 MP3 机工作的电压。

④ 将示波器的一只探头的接地夹与 MP3 机的电池负极引线相连，并使 MP3 机处于工作状态，如播放音乐模式。

⑤ 用另一只经过加工的示波器探头检测电路板上的测试点，并对照电路原理图进行测试。

注意：MP3 机的 CPU 和解码器芯片的引脚非常多，虽然电路图上显示的连接状态非常明确，但实际能够检测的检测点并不是很多，有些位置由于 MP3 机电路板体积小、引线隐蔽性强等因素，使得检测受到了限制。

⑥ 在 CPU 和解码器芯片的周围有多个测试点，用示波器探头一一测试，可以检测到信号波形。

【信息扩展】

MP3 机处于不同的工作状态，CPU 和解码器芯片引脚测试点所测试到的示波器波形并不相同，也就是说，MP3 机在播放音乐和浏览图片等不同工作模式下，同一个测试点的示波器波形也就不一样。

⑦ CPU 和解码器芯片的测试点非常小，而且有些并不在该芯片的附近，测试时应该沿着印制线仔细查找。

⑧ CPU 和解码器芯片外围中有一个非常重要的器件——晶振，它是专门给 MP3 机提供时钟信号的，用示波器可以检测到晶振信号。

【实训演练】

SPCA7550 芯片的检修演练如图 1-21 所示。

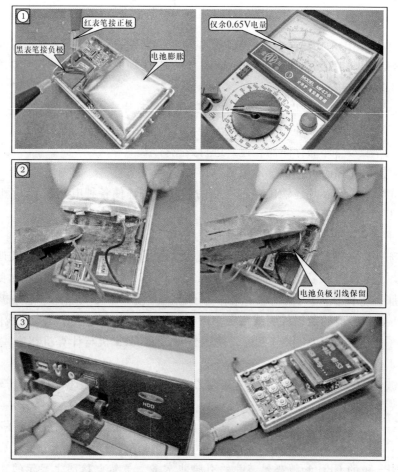

图 1-21　SPCA7550 芯片的检修方法

第2单元 MP3/MP4数码机的结构特点和维修技能

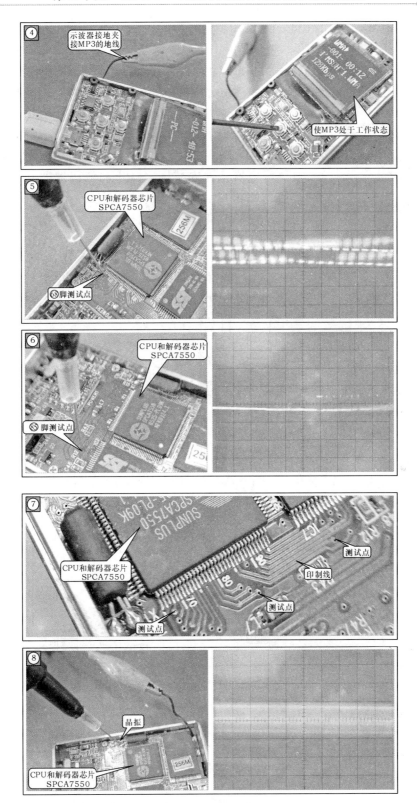

图1-21 SPCA7550芯片的检修方法(续)

(2) 音频 MP3 品牌机的 CPU 和解码电路的检测

图 1-22 纽曼 F99 音频 MP3 机实物图

如图 1-22 所示为纽曼 F99 音频 MP3 机实物图，当出现故障时，首先观察液晶屏的显示状态，根据显示情况分析推断故障的范围。然后再参照该机型的电路原理图和主要元件的安装图，对相应的电子元器件进行测量，寻找可测元件，发现故障线索。

图 1-23 分别为纽曼 F99 的 CPU 和解码器芯片和电器元件安装图，CPU 和解码器芯片采用的是 ALi M5661P 芯片，它的外围元器件在元器件的安装图上都已标识出来，检测时，可以对应着检测。

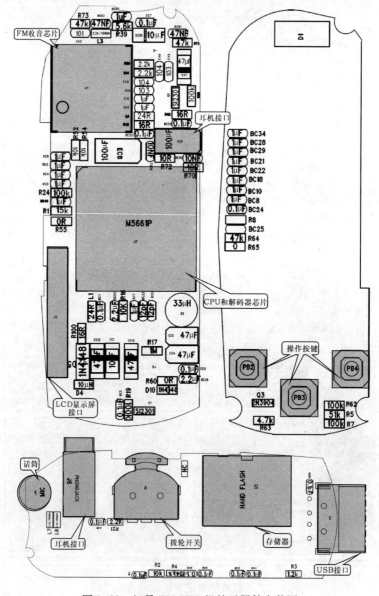

图 1-23 纽曼 F99 MP3 机的元器件安装图

第 2 单元　MP3/MP4 数码机的结构特点和维修技能

　　MP3 机的解码芯片是整个数码机的核心电路，通过对外围电路的测量，往往可以发现故障线索。例如，电池供电电压（㉒脚）、1.2V 供电（㊾脚）、1.8V 供电（㊱脚）、3.3V 供电（㊼脚）、晶振信号（㊾、㊿脚）等。如果所测参数不正常，先查外部电路再查芯片。

　　重点检测的元器件如图 1-23 所示，其中大容量电容的故障率较高。图中标有电容值的元件可以用万用表测量，其次是标记为 R×× 的电阻。先进行在路检测，如果有可疑的元器件，再取下来检测。

项目 2

掌握 MP4 的结构特点和检修方法

任务 2.1　MP4 数码机的结构原理

2.1.1　MP4 数码机的整机结构和工作流程

MP4 机是播放视频文件的数码机，同时兼容 MP3 的功能，因此大都带有 3.5~7 英寸的大屏幕 LCD 显示板，其典型的结构如图 2-1 所示。

图 2-1　MP4 机整机结构

MP4 机的视频信号处理能力非常强，是视频 MP3 机所不能比拟的，网络上所流行的视频文件格式，几乎都能通过 MP4 机进行下载和播放，因此大都带有独立的视频处理芯片，而且还可以接收摄像机的视频信号，还有些 MP4 机带有摄像头。

由于 MP4 机兼容 MP3 机的部分功能，因此在工作原理上有些相似，同样需要通过操作按键输入人工指令，并在 CPU 和解码电路的控制下，使存储器电路、接口电路、LCD 显示电路、USB 电路及摄像头电路等进行工作，完成各种信息的处理，使 MP4 机正常工作。

如图 2-2 所示为 MP4 机的结构和工作示意图，由 USB 接口下载网上的音/视频文件，存储到 MP4 机的存储器电路中，然后通过数字信号处理芯片和音/视频编解码器变成音频和视频信号，送到耳机接口电路和 LCD 显示屏中，来观看视频节目。

第 2 单元　MP3/MP4 数码机的结构特点和维修技能

与 MP3 机一样，MP4 机也具有录音、FM 收音等功能，但又比 MP3 机多出摄像功能，也就是通过摄像头将捕捉到的动态图像以视频文件的格式存储到存储器电路中，再通过 LCD 显示器观看；另外，可以通过存储卡扩展存储器的容量。

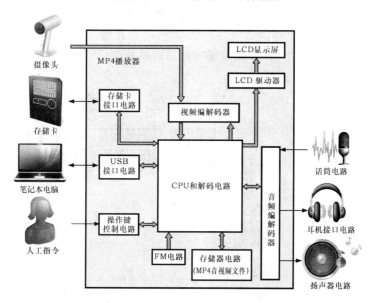

图 2-2　MP4 机的结构和功能

2.1.2　CPU 和解码器芯片及相关电路的结构和工作原理

能力目标

掌握 MP4 机解码器及其相关电路的组成部分，学习相关电路的工作原理及其电路分析。

CPU 和解码器电路是 MP4 机的核心部件，这种芯片中集成了成千上万只半导体器件，集成度非常高，引脚也很多，可以称之为超大规模集成线路，如图 2-3 所示。

图 2-3　CPU 和解码器芯片

· 105 ·

1. MP4 数码机的 CPU 和解码器芯片的结构和工作原理

ACER PM02 MP4 机的 CPU 和解码器电路 TMS320DM 270GHk 芯片，它的主要功能是处理音频和视频的数字信号。CPU 和解码器芯片 U1 的内部电路结构复杂，引脚数很多，很难用一幅图表达清楚，因此需要分别表示，图 2-4 所示是音频、视频和操作控制电路的接口部分，图 2-5 所示是存储器和 SD 存储卡插座接口电路部分。

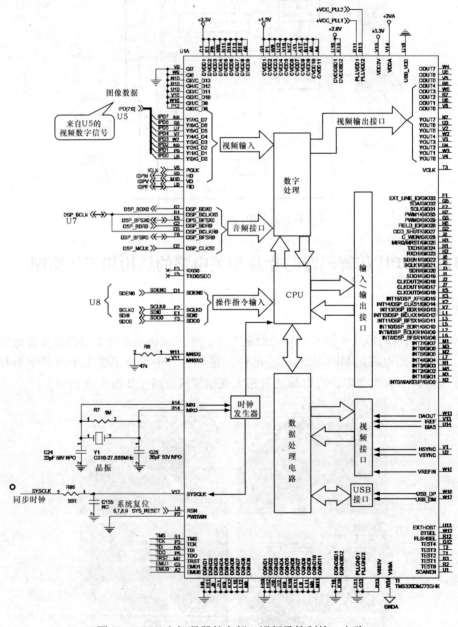

图 2-4　CPU 和解码器的音频、视频及控制接口电路

第 2 单元 MP3/MP4 数码机的结构特点和维修技能

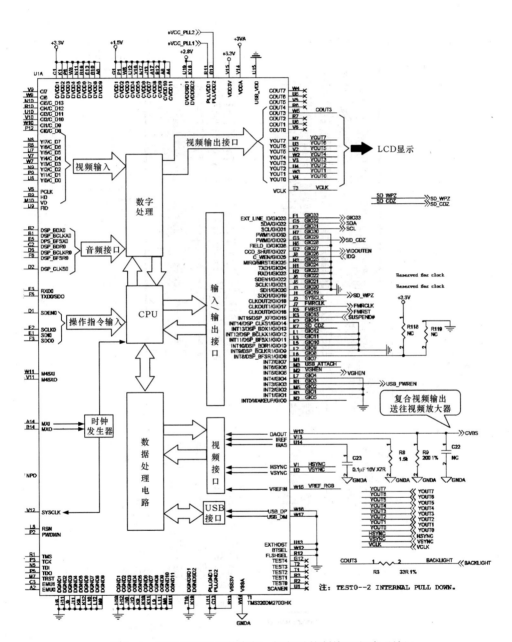

图 2-4 CPU 和解码器的音频、视频及控制接口电路（续）

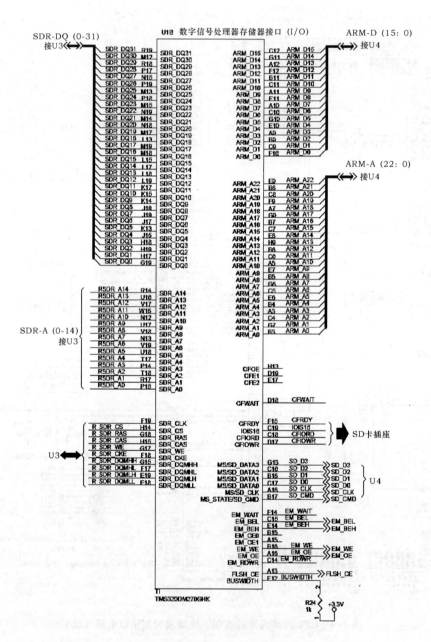

图 2-5 CPU 和解码芯片的存储器、SD 存储卡插座接口电路

第2单元　MP3/MP4 数码机的结构特点和维修技能

外部的音频/视频节目信号经输入接口和编码电路编成数字信号，送入 CPU 和解码器电路 U1 中，经 CPU 和解码器电路的数字处理后可以存在外部存储器中。在播放时，存在于存储器中的数字信号在 CPU 的控制下调出，视频信号变成驱动液晶显示屏的数字驱动信号，在液晶屏上显示图像，音频信号经处理后变成音频信号送到耳机接口，这样便可以欣赏音/视频电视节目。与此同时，音/视频信号还可以通过输出接口送到外部音频设备中去处理。

图 2-4 中由视频解码器 U5 送来到视频数字信号 IPD（7：0）和行场同步信号，由视频输入接口送入 U1。由 U7 送来的音频数字信号送到音频接口，该接口具有双向传输信号的功能，记录时输入音频数字信号，播放时输出音频数字信号。来自操作控制接口的操作指令送到 U1 中的 CPU 中，CPU 根据人工指令对整机进行控制。控制信号还通过 I^2C 总线信号（SDA、SCL）传送到外围的被控电路。

视频信号数字处理后由输出接口输出多路视频数字信号及同步信号，在驱动液晶显示屏（LCD）显示图像，同时经 D/A 变换输出复合视频信号（CVBS），再经放大滤波后送往视频输出接口。此外，U1 还有多个引脚为电源供电端和接地端，以满足散热和滤波的需要。

U1 的晶体振荡器为 27MHz，接在 U1 的外部。由电源提供的系统复位信号加到复位端，在启动时使芯片复位。

图 2-5 所示是 U1 的存储器接口，U1 有 2 个外部存储器——U3、U4 用于存储数据和程序，这些存储器通过数据总线和地址总线与 U1 相连，以便在 U1 中 CPU 的控制下进行数据的存取。此外，U1 还通过 SD 存储卡插座接口与 SD 存储卡插座电路相连，接收来自 SD 卡的数据。

不同品牌的 MP4 机所采用的 CPU 和解码器芯片型号会有所不同，如图 2-6 所示为采用安凯 3200M 芯片的 CPU 和解码器电路图，由外围电路与之配合实现 MP4 机播放器的所有功能。该芯片的接口功能可以通过接口电路的字符标记或外部电路的连接关系进行判别。主要接口及功能如下：

- 视频接口接收来自摄像头的视频信号，视频信号经 A/D 变换器，先将模拟视频变成数字视频信号再送入芯片进行处理；
- LCD 显示接口是输出驱动液晶显示器的数据信号，以便液晶屏上显示出图像；
- 存储器接口用来与外部存储器相连，进行数据和程序的存储；
- 时钟电路借助外部晶体产生芯片所需要的时钟信号；
- 其他接口与外围电路相连进行数据的传输，其中包括 USB 接口、MMC/SD 卡接口、通用接口、电源接口等。

信息扩展

由于 CPU 和解码器电路的集成度越来越高，许多功能单元电路都集成到该芯片中，使得集成电路的功能越来越强大，这使得芯片外部的电路减少，通常芯片的功能可以根据图纸上输入与输出接口的标记和引脚符号来判断。

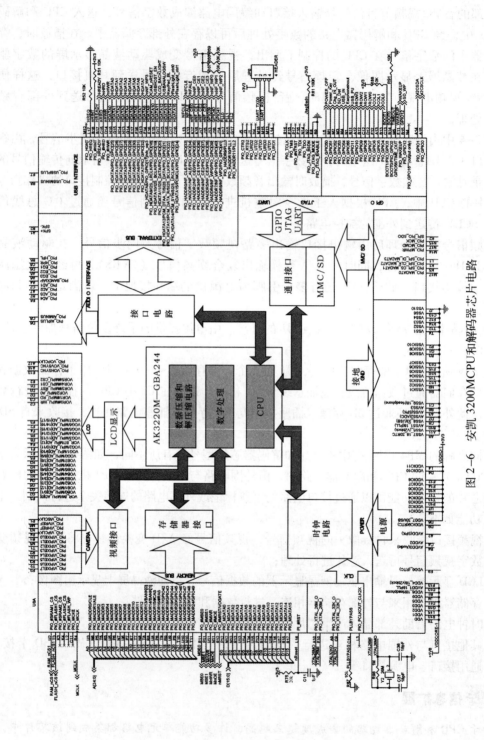

图 2-6 安凯 3200M CPU 和解码器芯片电路

2.1.3　MP4 数码机的存储器电路的结构和工作原理

图 2-7 所示为 ACER PM02 MP4 机的存储器电路,也是由两个存储器——U3 和 U4 构成的,在 CPU 的控制下通过地址总线与数据总线与 U1 进行信息交换,即写入信息或读出信息,由于存储器也是大规模集成电路,因而具有很多电源供电和接地引脚,其工作电压都在低压条件下 (3.3V、2.8V)。

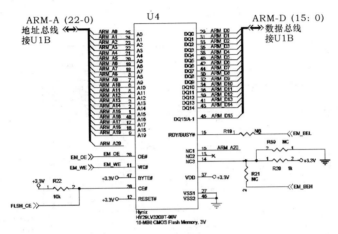

图 2-7　存储器电路

对于 MP4 机来说,自带的内置存储器有时并不能满足数据存储的需要,因此大都带有存储卡接口电路,如图 2-8 所示为 ACER PM02 MP4 机的 SD 存储卡接口电路,SD 卡接口是将 SD 卡的信息通过相关的引脚送到 CPU 和解码器电路中进行处理的部分。这部分电路比较简单,但由于卡的插拔会引起焊点松动、断路等故障,在使用时应注意 SD 卡的插拔方向,不要倾斜,也不要压力过大。

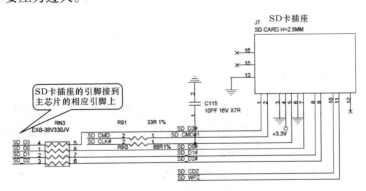

图 2-8　SD 存储卡接口电路

2.1.4　MP4 数码机的音频电路结构和工作原理

1. 音频信号处理电路

图 2-9 所示为 ACER PM02 MP4 机的音频编码器 U7 和外围电路。来自视/音频信号接口

的音频信号（L、R）经滤波电路滤除干扰和噪波后送入 U7 TLV320AIC23PW 的⑲、⑳脚，而话筒信号送到⑱脚。U7 是一种立体声数字信号处理电路，它对输入的模拟立体声信号进行 A/D 变换和数字编码处理，变成数字编码信号再送到 CPU 和解码器电路 U1 中进行音频数据信号的压缩处理，然后存入存储器。在播放时，再从存储器中取出数据，经解压缩处理后再从处理器中取出数据，经解压缩处理后再送回 U7。在 U7 中进行 D/A 变换，恢复成立体声音频信号送往视/音频输出插座和耳机接口。U1 输出的复合视频信号经 U6 放大滤波后送到视/音频接口。

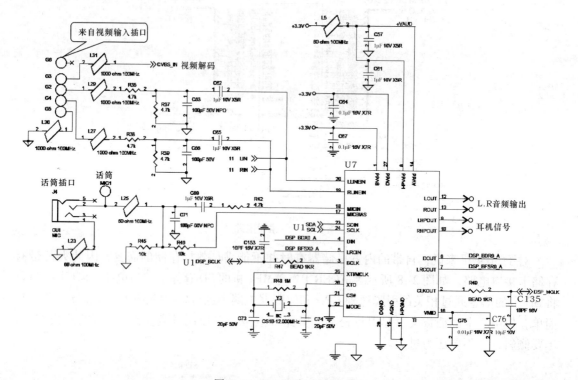

图 2-9 MP4 机音/视频电路

2. 音频 D/A 变换器电路

音频 D/A 变换器是将数字音频信号变成模拟音频信号的电路，经数据信号处理电路处理后输出的数字音频信号与 CD 激光唱机的数字信号相同，属于脉冲编码调制的数字信号（PCM）。这个信号是由三路信号组成的，需要同时传输，即串行数据信号（SDA）、串行时钟信号（BCK，又称数据时钟）、左右分离时钟信号（LRCK）。

数字音频信号经 D/A 变换器变成双声道模拟音频信号（L、R）才能送到耳机或扬声器欣赏，D/A 变换有很多种集成电路，在 MP3/MP4 机中常用 MS6313、MS6333、SPCA713A等电路，这些电路的主要特点是能在低电压（3.3V）的条件下工作。

音频 D/A 变换器的典型结构如图 2-10 所示，该电路采用了 SPCA713A 音频 D/A 集成电路，音频数字信号（3 路）分别加到 U6 SPCA713A 的①、②、③脚，在集成电路内进行数字/模拟变换处理，然后分别由⑨脚和⑥脚输出模拟音频（L、R）信号，可送到耳机或扬声器。

第 2 单元　MP3/MP4 数码机的结构特点和维修技能

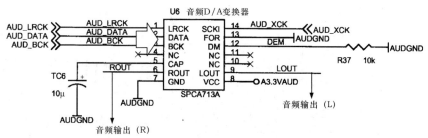

图 2-10　音频 D/A 变换器的电路结构

SPCA713A 工作时⑧脚需要 3.3V 的工作电压，⑭脚需要同步时钟信号（AUD_XCK），该信号是数字解码芯片中的 CPU 的系统时钟提供的。

音频 D/A 变换器的输入信号波形如图 2-11 所示，输出信号波形如图 2-12 所示。

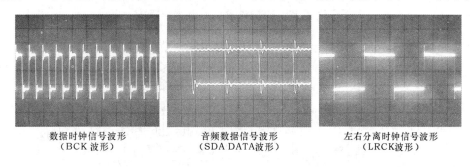

图 2-11　音频 D/A 变换器的输入信号波形

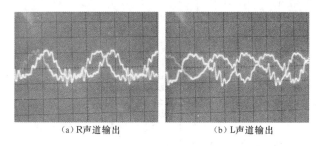

图 2-12　音频 D/A 变换器的输出信号波形

如图 2-13 所示（或 MS6313）为采用了 MS6333 音频 D/A 变换器的电路结构，如图 2-14 所示的 MS6313 音频 D/A 变换器电路输出的模拟音频（L、R）信号并没有直接送入耳机或扬声器，而是通过一个音频信号放大器电路将信号进行放大、滤波处理后送到耳机接口。

3. 音频信号放大电路

音频信号放大器是用来放大 D/A 变换器输出的音频信号，同时还可以改善音质、消除噪声干扰。图 2-15 是 MP3/MP4 机播放器中的音频 D/A 变换器和音频放大器的电路实例，该电路经过 D/A 变换器以后，采用一只双运算放大集成电路 U4 MS6308 进行音频放大，由 D/A 变换器输出的 L、R 信号，分别加到双运算放大器的反相输入端②、⑥脚，经放大后由①、⑦脚输出送往耳机接口。运算放大器的输出端到输入端的 RC 电路是负反馈电路，具有消除高频噪声、改善音质的作用。

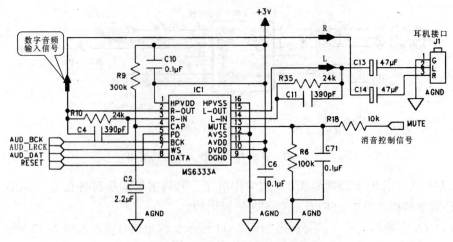

图 2-13　MS6333 音频 D/A 变换器

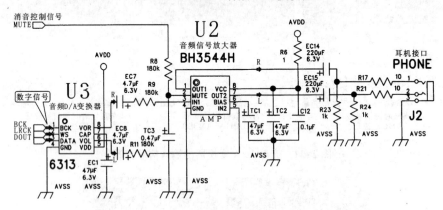

图 2-14　MS6313 音频 D/A 变换器和放大电路

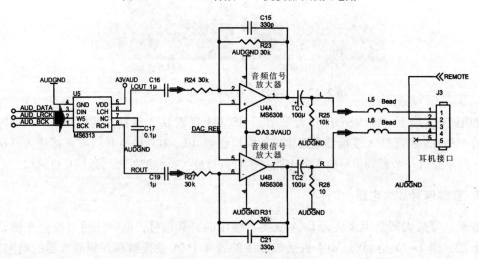

图 2-15　音频信号放大器电路

4. FM 收音电路

FM 收音电路使用的收音芯片不同，其工作原理也略有不同，如图 2-16 所示为采用

DA—101 芯片的 FM 收音电路。在收音状态耳机的插座作为 FM 收音电路的天线，天线收到的调频广播节目信号经耦合电容 C58 送入 U13 的⑭脚，该信号是射频载波。在 U13 中进行高放、混频、中放、鉴频等处理，解调出音频信号，并由⑧、⑨脚输出，然后再送到数字解码芯片中进行处理，收音电路 U13 的工作受 CPU 的控制，CPU 的 I^2C 总线控制信号（DATA、CLK）分别加到 U13 的④、⑤脚。U13 的收音电源供电控制信号是由 CPU 的控制信号加到 Q5 的栅极，通过 Q5 控制加给 U13 的电源供电，从而达到控制收音的目的。

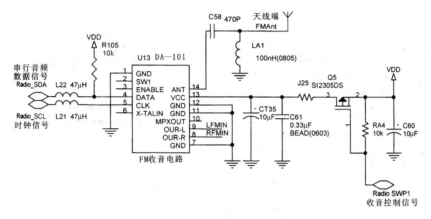

图 2-16　DA—101 芯片 FM 收音电路

如图 2-17 所示为采用 TEA5767HN 芯片的 FM 收音电路，这个收音电路较前面所讲的 FM 收音电路比较复杂，但接收 FM 节目效果要好得多。

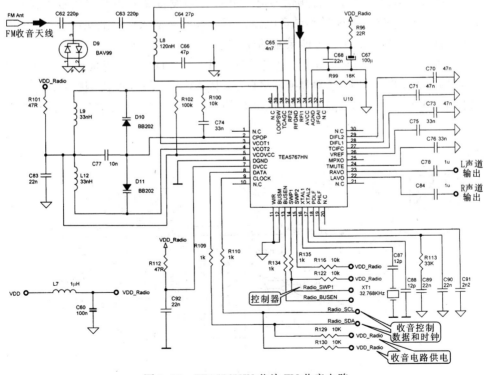

图 2-17　TEA5767HN 芯片 FM 收音电路

5. 话筒放大及录音电路

图 2-18 所示是话筒放大器和线路输入插座电路，当要录制话筒的声音信号时，话筒的输出信号经话筒信号放大器放大后，经线路输入插座送往录音信号处理电路（数字处理电路）。话筒信号放大器是由两级运算放大器（U3B/A）构成的。运算放大器将话筒信号放大到足够的电平再去录音电路。

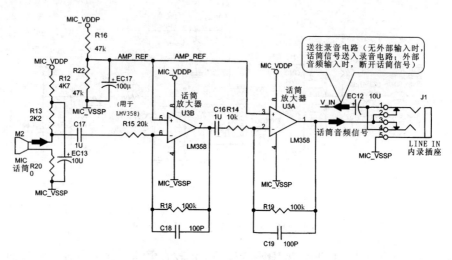

图 2-18　话筒放大器和线路输入插座电路

当需要录音外部音频设备的音频信号时，外部音频设备输入的音频信号（又称线路输出信号 LINE）经线路输入插座送到录音电路，当插入线路输入信号插头时，自动切断了话筒信号的通道，只有拔下插头，才能录制话筒信号。

如图 2-19 所示为音频切换电路，该电路采用了 MM74HC4066 音频切换器，当需要通过录音信号输入插座输入录音信号时，音频切换器将自动切断 FM 收音信号通道，拔下插头后，音频切换器又切换到 FM 收音的信号。因此，该切换电路用于自动切换线路的录音信号和 FM 收音信号。

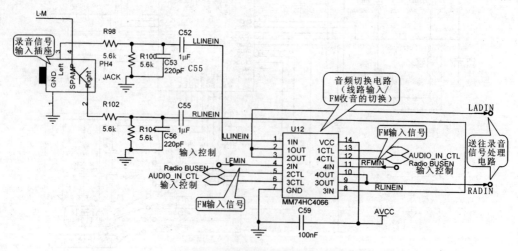

图 2-19　音频切换电路 MM74HC4066

第 2 单元　MP3/MP4 数码机的结构特点和维修技能

6. 音频信号编码电路

MP3/MP4 机接收话筒信号或是线路输入信号以后，应送入音频信号编码器中进行编码。如图 2-20 所示为采用 U11 WM8731 集成编码器的电路图，来自话筒音频信号经放大器放大后送到音频信号编码器 U11 的⑱脚，来自音频切换电路的双声道音频信号送到 U11 的⑲、⑳脚。U11 对输入的音频信号先进行切换处理再进行 A/D 变换和数字编码，将模拟音频信号变成数字音频信号，在 CPU 的控制下存储到存储器中，完成音频信号的记录过程。

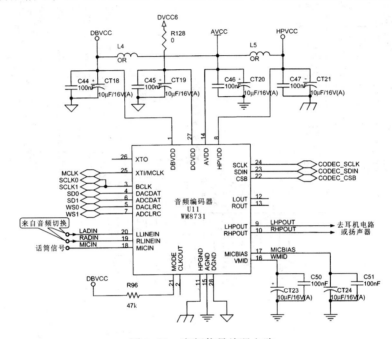

图 2-20　音频信号编码电路

随着 MP3/MP4 机集成化的发展，音频信号编码电路大多数被集成到了 CPU 和解码器芯片中，如图 2-21 所示，这就是 MP3 机的音频电路非常简单的原因。该 CPU 集成电路的⑭、⑮脚输入话筒信号，⑯、⑰脚输入线路输入信号，⑱、⑲脚输入 FM 收音信号，然后在 CPU 和解码器电路的控制下进行 A/D 变换和数字编码，将模拟音频信号变成数字音频信号并存储到存储器中，完成音频信号的记录过程。

7. 耳机电路

耳机电路是 MP3/MP4 机必不可少的音频电路之一。如图 2-22 所示为采用晶体管作为消音管的耳机电路，输出的音频信号（L、R）经耦合电容 CT14、CT16 送往耳机接口，在信号通路上设有消音控制晶体管 Q2、Q3，这两个晶体管受 Q4 的控制，Q4 是 PNP 晶体管，当 Q4 基极有低电平控制信号时导通，于是 Q4 发射极电源经 Q4 和 R88 分别给 Q2、Q3 基极提供高电平，则 Q2、Q3 导通。音频信号被 Q2、Q3 分流到地，输出无信号，处于静音状态。在未插耳机时，耳机接口的④脚与右声道相接，右声道音频信号送往扬声器放大电路。当插入耳机时，切断送给扬声器的信号。

此外，耳机接口的接地端，同时也作为 FM 收音电路的天线，当插入耳机时，其导线的屏蔽层为 FM 收音机的外接天线，用于接收 FM 广播信号。

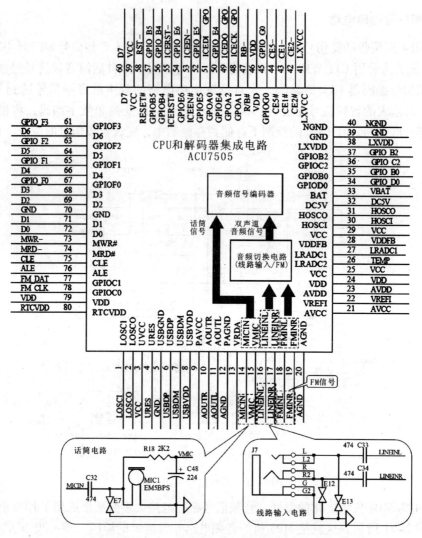

图 2-21 集成到 CPU 中的音频信号编码电路

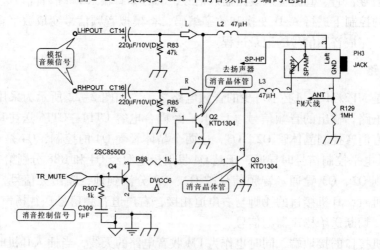

图 2-22 采用晶体管消音的耳机电路

第 2 单元　MP3/MP4 数码机的结构特点和维修技能

耳机电路的构成是多种多样的，如图 2-23 所示为典型的采用场效应晶体管作为消音管的耳机电路实例，来自数字信号处理电路的 L、R 音频信号经消音控制电路送到耳机接口，Q1、Q2 场效应晶体管的漏极分别接到 L、R 信号的输入线上，当控制电路送来消音控制电压时，Q1、Q2 导通，将 L、R 信号短路到地，无信号输出，MP3/MP4 机处理消音状态。

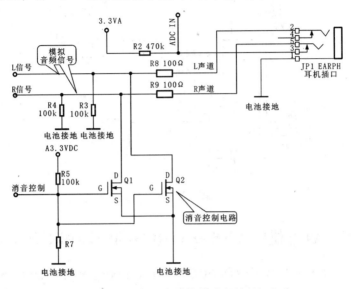

图 2-23　采用场效应晶体管消音的耳机电路

8. 扬声器驱动电路

MP3/MP4 机可利用自带的扬声器播放音乐，常见的扬声器驱动电路有双声道驱动方式、单声道驱动方式。如图 2-24 所示为采用双声道立体声音频功率放大器 LM4666 的扬声器驱动电路，立体声音频信号（L、R）分别从⑧、①脚输入，经内部的双声道功率放大后分别由④、⑦脚和⑪、⑭脚输出去驱动两个扬声器。⑩脚为消音控制信号。

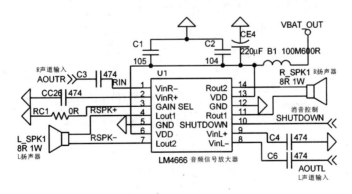

图 2-24　双声道立体声音频功率放大器

单声道驱动集成电路内只有一个功率放大器，如图 2-25 所示，L、R 音频信号送到音频信号放大器 CM8662 的①脚，经放大后由⑧脚和⑤脚输出加到扬声器（SP）上。⑥脚为电源供电端，④脚为右声道信号输入/输出端。

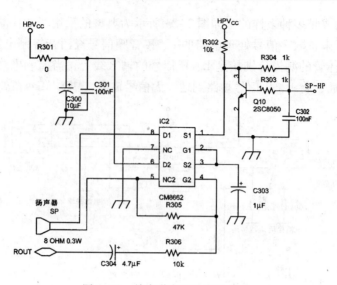

图 2-25　单声道音频功率放大器

2.1.5　MP4 数码机的 USB 接口电路的结构和工作原理

如图 2-26 所示为 ACER PM02 MP4 机的 USB 接口电路。MP4 机通过 USB 接口与计算机

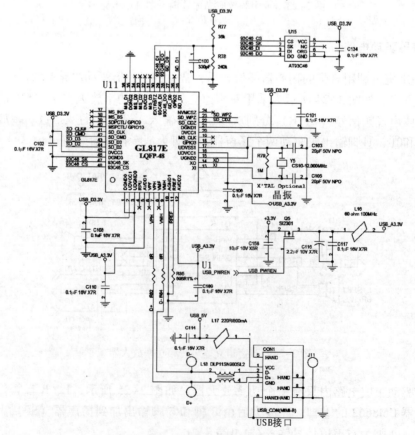

图 2-26　USB 接口电路

主机相连，可以与计算机进行数据传输，下载计算机的节目信息就可以借助于该接口。图中 U11 是 USB 接口电路，又称 USB 2.0 驱动器，处理来自 USB 接口的信息，经 U11 再与 MP4 机的 CPU 和解码器芯片相连。

2.1.6 视频电路的结构和工作原理

视频电路是 MP4 机特有的电路，如图 2-27 所示 ACER PM02 MP4 机的视频电路的主体是 U5 TVP5150APBS。来自视/音频输入插口的复合视频信号（CVBS）是模拟信号，该信号经滤波电路滤波后送入 U5 的①脚，视频信号在 U5 中进行视频解码和 A/D 变换变成数字视频信号，同时从信号中分离出行场同步信号及时钟信号，这些信号送到 CPU 和解码器芯片 U1 中进行数字压缩处理，将大量的数据冗余压缩掉，以便于存储，在播放时再进行解压缩处理，MP4 机对视频的数据压缩方法采用 MPEG4 的压缩标准。电源、系统复位信号和晶振电路为 U5 提供必要的工作条件。

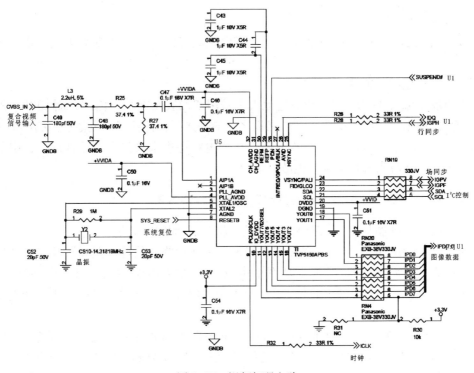

图 2-27 视频解码电路

任务 2.2　维修 MP4 数码机的综合实训

2.2.1 维修 MP4 数码机实训环境的搭建

1. 实训器材

收集实训用 MP4 数码机的样机（可以是二手机）。同时收集相关机型的电路图或维修技术资料。

2. 实训设备

准备检测用的示波器和万用表。

示波器工作频率约为 40MHz，万用表数字式、指针式不限，数量根据实训室工作台和学校条件而定。

3. 参照教材在教师的指导下，对实训样机进行工作电压和信号波形的检测。

2.2.2 MP4 数码机 CPU 和解码器芯片电路的检测实训

1. MP4 数码机 CPU 和解码器芯片电路的故障表现

（1）故障现象

CPU 和解码芯片电路的集成度比较高，当出现故障时往往就表现为无法正常开机或功能失常。

（2）故障产生的可能性

现在市场上流行的 MP4 机的内置电池大多是用双面胶粘在机器内部，而 CPU 和解码器芯片是配片式超大规模集成电路，与电路板之间的焊接引脚往往受到电池压力的影响出现虚焊，从而导致 CPU 和解码器电路出现故障，在带电状态进水或渗入腐蚀性液体，引起芯片引脚短路，也会使解码芯片本身发生故障。

2. MP4 数码机 CPU 和解码器芯片电路的故障检修方法

（1）纽曼 MP4 机的 CPU 和解码器芯片的结构和故障检修方法

由于 MP4 机的电路比 MP3 机的要复杂得多，因此检修时最好参照元器件安装图进行电子元器件的查找，如图 2-28 所示。从图中可以准确地找到操作按键、LCD 显示屏、扬声器、摄像头接口、存储卡插座、话筒、CPU 和解码器芯片、存储器芯片、FM 收音电路、耳机接口、USB 接口等组成部分。

如图 2-29 所示为纽曼 MP4 机 CPU 和解码器电路 U18 的引脚功能和相关的接口电路。在图 2-28 中可以准确地找到该电路芯片的位置。该芯片为 AK3225M 有 244 个引脚，采用球栅阵列型封装方式（GBA），其内部分别包含电源电路、模拟电路、USB 接口电路、存储器/存储卡电路、时钟电路、摄像头接口电路、显示屏接口电路、CPU 总线接口电路、通用接口（JTAG、UART、GPIO）等功能。

球栅阵列型封装的大规模集成电路的引脚均在集成芯片的下面，可靠性相对较高，但更换难度较大。

（2）RK2700 芯片 MP4 机的 CPU 和解码器芯片的结构和故障检修方法

图 2-30 是采用 RK2700 芯片的 MP4 机的电路结构实例，它采用方形集成电路封装形式，引脚在四周，由于 CPU 和解码器芯片的引脚受到外力的影响容易出现虚焊现象，因此当 CPU 和解码器芯片出现故障时，可以先用放大镜仔细检查芯片的引脚，并进行补焊。

第2单元 MP3/MP4数码机的结构特点和维修技能

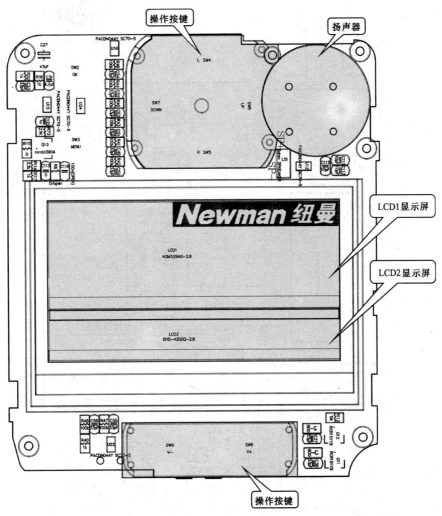

(a) 纽曼MP4机元器件安装正面视图

图2-28 纽曼MP4机元器件安装视图

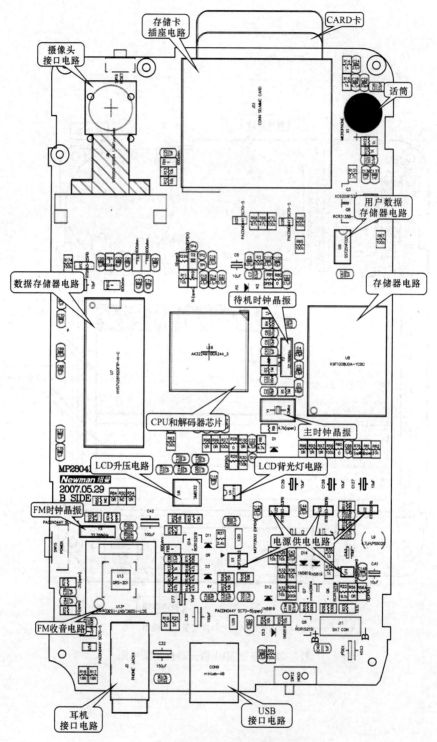

(b) 纽曼MP4机元器件安装反面视图

图 2-28 纽曼 MP4 机元器件安装视图（续）

第 2 单元 MP3/MP4 数码机的结构特点和维修技能

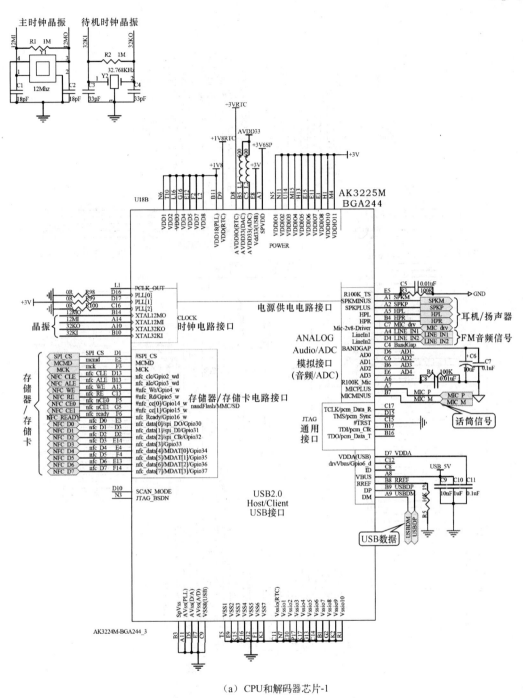

(a) CPU 和解码器芯片-1

图 2-29 纽曼 MP4 机 CPU 和解码器芯片电路原理图

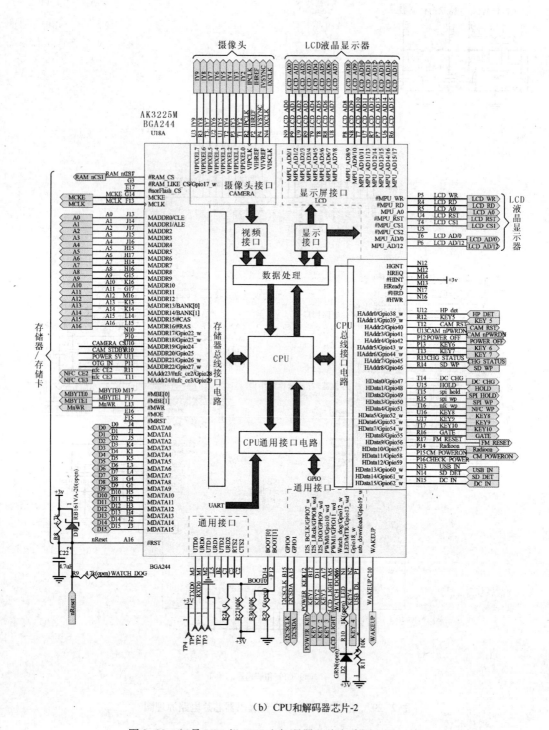

(b) CPU和解码器芯片-2

图 2-29 纽曼 MP4 机 CPU 和解码器芯片电路原理图（续）

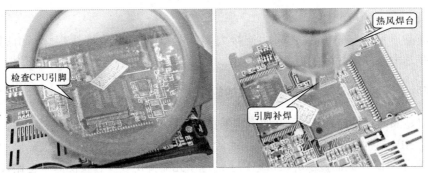

图 2-30　CPU 和解码器芯片引脚的检测和补焊

纽曼的这款 MP4 机的 CPU 和解码芯片接有 2 个晶振,一个是主时钟晶振 12MHz,主要用于为 MP4 机的工作提供时钟信号,另一个为待机时钟晶振 32.768kHz,主要用于 MP4 机处于待机状态时提供时钟信号。待机时钟晶振比主时钟晶振的频率低很多,这就使 MP4 机处于待机状态时,能够更加省电。使用示波器探头可以在这两个晶振上分别检测到时钟信号,通过检测可以发现,晶振信号的波形基本相似,只是在示波器上的参数设置上略有不同,如图 2-31 所示为 MP4 机晶振信号的检测。

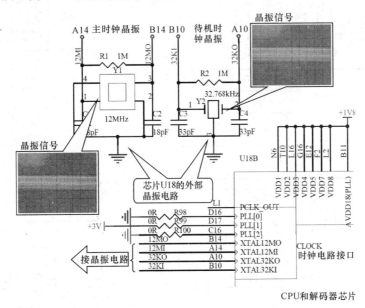

图 2-31　MP4 机晶振信号的检测

2.2.3　MP4 数码机 LCD 显示及驱动电路的检测实训

1. MP4 数码机 LCD 显示及驱动电路的故障表现

(1)故障现象

LCD 液晶显示屏出现故障时主要表现为乱屏,如显示字符缺少、显示图片的变形等。

（2）故障产生的可能性

LCD 液晶显示屏与电路板之间的连接大多数是软排线，软排线损坏、引脚虚焊都是 LCD 显示驱动电路产生故障的可能性。

2. MP4 数码机 LCD 显示及驱动电路的故障检修方法

（1）纽曼 MP4 机的 LCD 显示及驱动电路的故障检修方法

该纽曼 MP4 机拥有 2 块液晶显示屏，每个显示屏都有一个独立的 LCD 液晶显示接口电路，如图 2-32 所示。LCD 液晶显示屏接口电路上的电子元器件比较少，检测起来也比较方便。

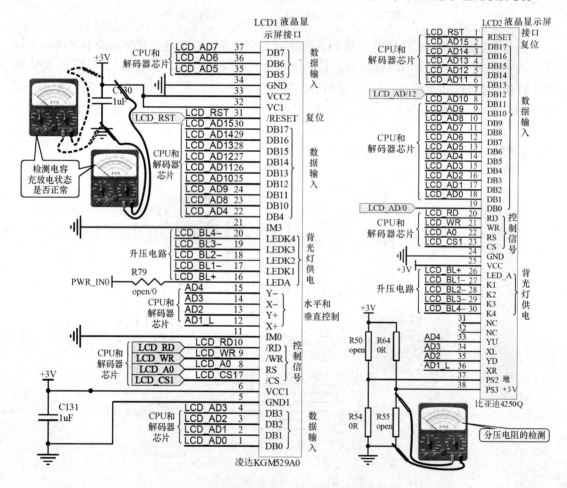

图 2-32 LCD 液晶显示接口电路电子元器件的检测

LCD 液晶显示屏正常工作，除了 CPU 和解码芯片传输来的信号以外，还需要 LCD 升压电路给液晶屏提供电能，如图 2-33 所示为 LCD 液晶屏背光灯升压电路。该 MP4 机的背光灯升压电路是由两块小集成电路 U4 和 U6 构成的，故障检修时除了芯片的检测，还要检测外围电子元器件，如图 2-34 所示。

（2）RK2700 芯片 MP4 机的 LCD 显示及驱动电路的故障检修方法

如图 2-35 所示为一款采用 RK2700 型号的 CPU 和解码器芯片的 MP4 机，下面就来实际讲解该机的 LCD 显示及驱动电路的检修方法。

第2单元 MP3/MP4数码机的结构特点和维修技能

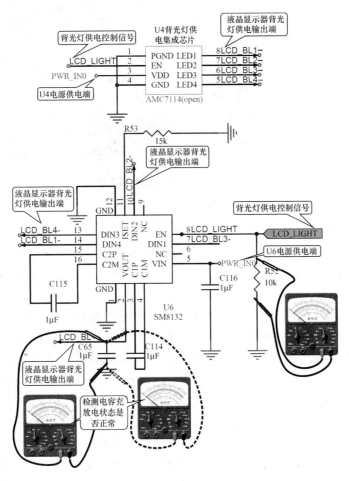

图 2-33 LCD 液晶屏背光灯升压电路

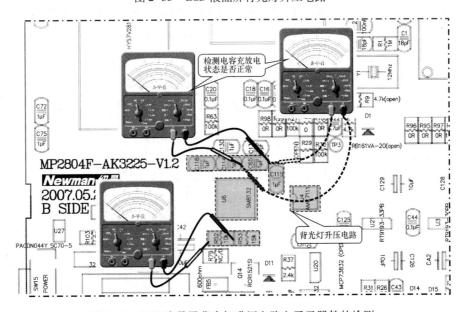

图 2-34 LCD 液晶屏背光灯升压电路电子元器件的检测

图 2-35　RK2700 芯片 MP4 机

💡 技能扩展

MP5 机从功能上来讲实际上就是 MP4 机，只是 MP5 机支持的视频格式比 MP4 机更多一些，因此 MP5 机可以当作 MP4 机进行检测与维修，为了方便讲解，这里我们将 MP5 机称呼为 MP4 机。

RK2700 芯片 MP4 机的 LCD 显示驱动电路的检测步骤参照如下的操作演示：

① 打开 MP4 机的外壳，取出电路板，将 MP4 机处于视频播放状态，也就是 LCD 显示屏中有视频的播放，使 CPU 和解码器芯片向 LCD 显示屏中不断地送入信号。

② 将 LCD 显示屏小心地抬起，可以看到软排线和焊接引脚，为了方便检测，编排了引脚号①~㊱。将示波器其中一个探头的接地夹接到 MP4 机的地线，如 USB 外壳、电池负极。用另一个探头测量，这样可以不受接地夹与探头之间的引线限制，便于测量。

③ 将示波器探头接到 LCD 显示屏软排线的引脚上就可以在示波器上看到相应的波形。

④ 这台 MP4 机的 LCD 显示屏有 36 个引脚，依次测量发现部分引脚没有波形显示，部分引脚的波形基本相似。

⑤ 测量了 LCD 显示屏引脚的信号波形，还可以测得这些引脚的电压值。为了便于测量，借助了示波器探头的接地夹作为地线，将示波器探头的接地夹与万用表黑表笔相连，用红表笔进行测量。测得的电压值见表 2-1。

表 2-1　LCD 显示屏软排线引脚电压值

引脚	电压值	引脚	电压值	引脚	电压值	引脚	电压值
①	0V	⑩	0V	⑲	0V	㉘	0V
②	0V	⑪	0V	⑳	0.4V	㉙	3V
③	0V	⑫	0V	㉑	0V	㉚	3V
④	0V	⑬	0V	㉒	0V	㉛	3V
⑤	3V	⑭	0V	㉓	0V	㉜	3V
⑥	2.8V	⑮	0V	㉔	0V	㉝	0V
⑦	0V	⑯	0V	㉕	0V	㉞	3V
⑧	0V	⑰	0V	㉖	0V	㉟	0V
⑨	0V	⑱	0V	㉗	0V	㊱	3.3V

第 2 单元　MP3/MP4 数码机的结构特点和维修技能

⑥ 在 LCD 显示屏软排线上还有一些电子元器件，这些元器件损坏同样会使 LCD 显示屏出现故障，并且会让维修人员怀疑是 LCD 显示屏需要更换。其实，检测出损坏的电子元器件并对其进行更换，就可排除故障，不但节省了更换整个显示屏的成本，也减少焊接 LCD 显示屏软排线的工序。

实训演练

图 2-36 为采用 RK2700 芯片的 LCD 显示及驱动电路的检测方法。

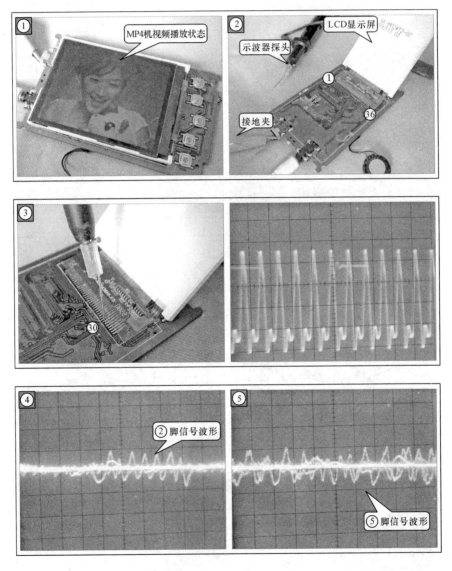

图 2-36　采用 RK2700 芯片的 LCD 显示及驱动电路的检测方法

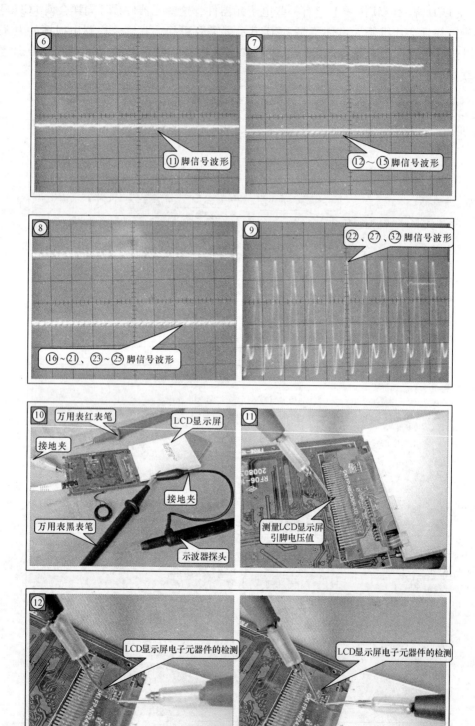

图 2-36 采用 RK2700 芯片的 LCD 显示及驱动电路的检测方法（续）

2.2.4　MP4 数码机摄像头电路的检测实训

1. MP4 数码机摄像头电路的故障表现

（1）故障现象

摄像头电路是 MP4 机特有的，通过该电路，MP4 机可以拍摄数码相片或视频，如果该电路出现故障，主要表现为通过摄像头看不到景物、拍摄结果为黑屏等。

（2）故障产生的可能性

摄像头电路出现故障时主要集中在两部分：一个为摄像头接口电路，另一个为摄像头供电电路，当然 CPU 和解码芯片的摄像头接口电路部分的引脚出现虚焊，同样会引起摄像头的故障。

2. MP4 数码机摄像头电路的故障检修方法

如图 2-37 所示为摄像头接口电路，从 CPU 和解码芯片送来的数据信号、时钟信号、复位信号、行/场同步信号、视频时钟信号等，都是通过这里与摄像头相连来进行数据传输的。如果摄像头接口电路出现故障，需要检测外围器件。

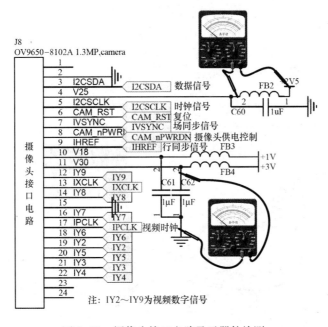

图 2-37　摄像头接口电路及元器件检测

如图 2-38 所示为摄像头供电电路，正常地供电，才能使摄像头正常地工作，该供电电路是由一个稳压控制集成电路构成的。如果摄像头供电电路出现故障，需要检测外围器件。

检测这些电子元器件时，可以参考元器件安装图，如图 2-39 所示。

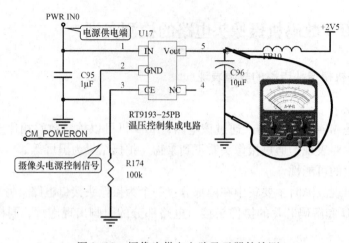

图 2-38　摄像头供电电路及元器件检测

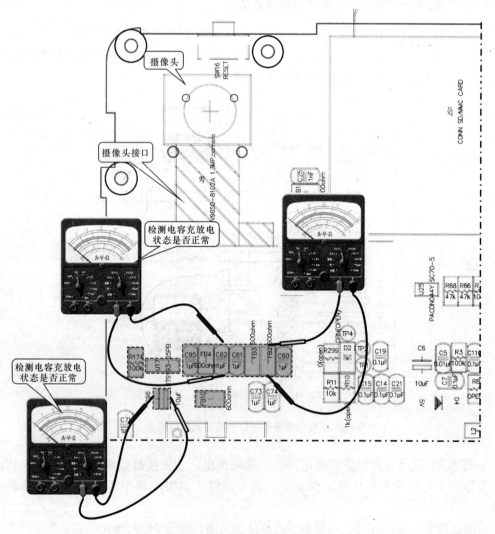

图 2-39　摄像头接口及供电电路在电路板上的位置

2.2.5　MP4 机收音电路的检测实训

1. MP4 数码机 FM 收音电路的故障表现

（1）故障现象

FM 收音电路就是用来接收广播信号的电路，出现故障时常表现为接收信号不良，或是根本接收不到 FM 信号。

（2）故障产生的可能性

MP4 机的 FM 收音电路中的天线是与耳机接口相连的，因此，如果耳机电路中的 FM 天线出现故障，FM 收音电路也无法接收到信号，如果 FM 天线正常，那么 FM 电路的芯片或外围元器件损坏也是造成 FM 接收不良甚至不能接收信号故障的原因。

2. MP4 数码机 FM 收音电路的故障检修方法

（1）纽曼 MP4 机的 FM 收音电路的故障检修方法

如图 2-40 所示为 MP4 机 FM 收音电路原理图，FM 启动信号经过一个开关管 Q14，为收音电路提供电源电压。经过 FM 天线接收 FM 信号，经过 FM 收音芯片的处理，输出音频信号。FM 收音电路在工作时，还需要来自 CPU 的数据信号和时钟信号。从图中可以看出这台纽曼 MP4 机的 FM 收音电路还有一个预留位置，用来安装备用的 FM 收音芯片。

FM 收音电路有一个自己的晶振，检测收音电路时，可以先用示波器检测晶振信号是否正常。

如果晶振信号正常，说明该 FM 电路能够正常工作，因此可以在此测量音频信号的输出波形，如图 2-41 所示。

如果没有音频信号的输出，接下来就应检测 FM 启动信号是否能正常送入 FM 收音电路，如图 2-42 所示为控制启动信号的开关管的检测，结合元器件安装图可以准确地找到晶体管 Q14 在电路板上的位置，如图 2-43 所示。

最后，测量 FM 收音电路中的电子元器件，如图 2-44 所示，如果这些元器件有损坏，FM 收音电路也是无法正常工作的，检测时可以参考元器件安装图 2-45。

（2）RK2700 芯片 MP4 机的 FM 收音电路的故障检修方法

如图 2-46 所示为采用 RK2700 芯片 MP4 机的 FM 收音电路，该收音电路被制成在一个小的电路板上，并通过 10 个引脚焊接到 MP4 机上，这样虽然节省了 MP4 机的空间，但是该检测也带来了不便，只能检测 FM 收音电路的晶振信号，以及与电路板之间的焊点上的信号波形和电压值。

RK2700 芯片 MP4 机的 FM 收音电路的检测步骤参照如下的操作演示：

① 检测 FM 电路时，将 MP4 机的 FM 收音功能打开，并将耳机接好，这是因为 FM 天线实际上就是耳机电路。

② 将示波器接地夹与 USB 接口相连，用另一个示波器探头测量信号。

③ 这台 MP4 机的 FM 电路有独立的晶振，那么首先测量 FM 晶振信号。

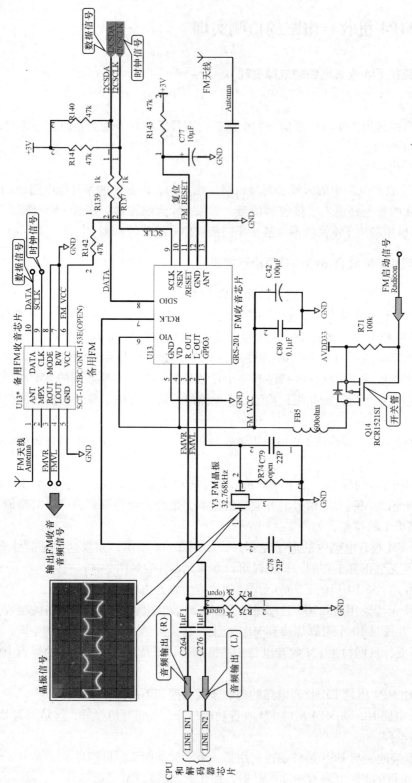

图2-40 FM收音电路晶振的检测

第 2 单元 MP3/MP4 数码机的结构特点和维修技能

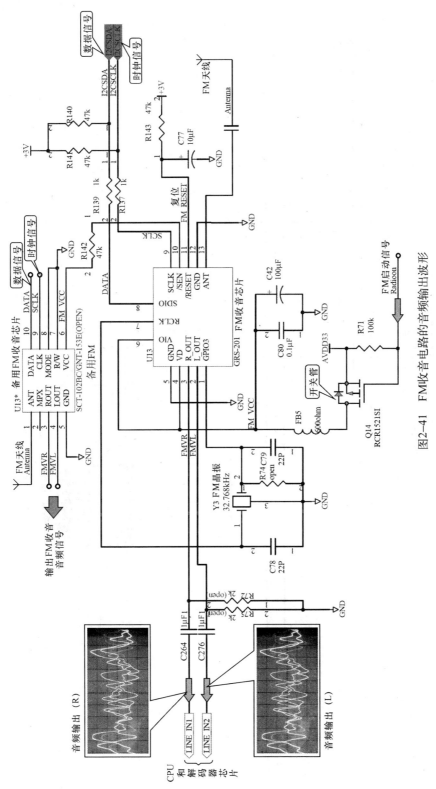

图2-41 FM收音电路的音频输出波形

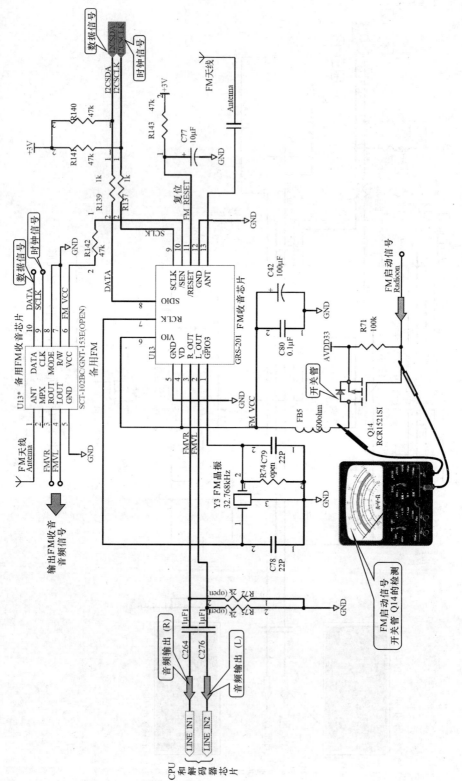

图2-42 FM启动信号开关管的检测

第 2 单元 MP3/MP4 数码机的结构特点和维修技能

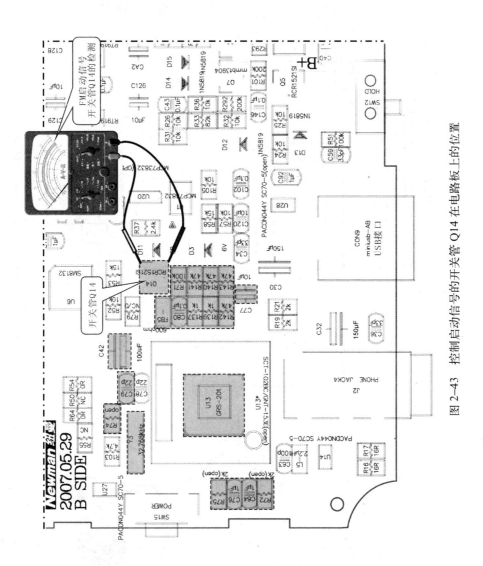

图 2-43 控制启动信号的开关管 Q14 在电路板上的位置

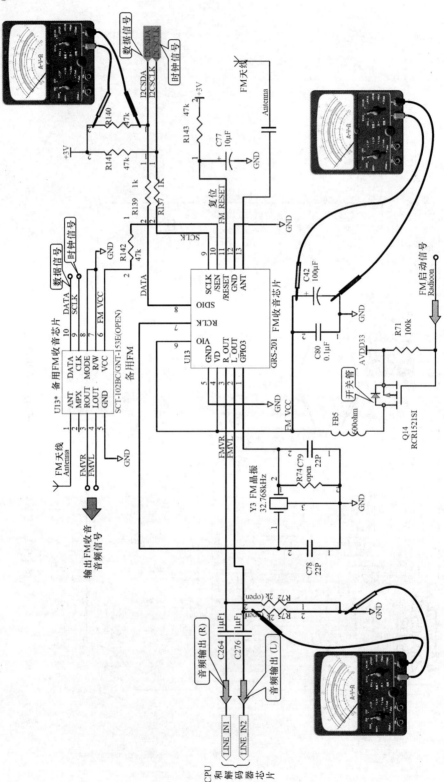

图2-44 FM收音电路中的电子元器件的检测

第 2 单元　MP3/MP4 数码机的结构特点和维修技能

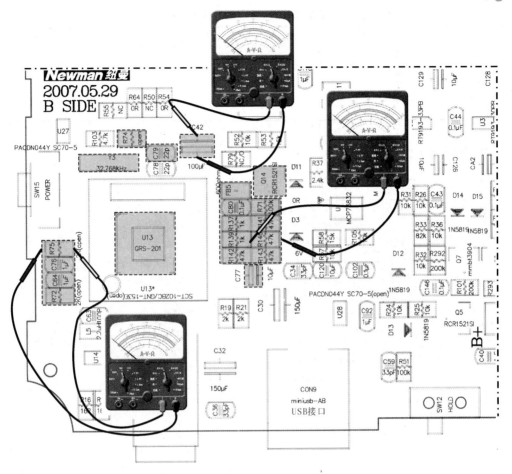

图 2-45　FM 收音电路电子元器件在电路板上的位置

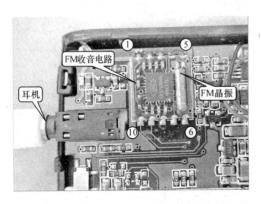

图 2-46　RK2700 芯片 MP4 机的 FM 收音电路

④ FM 晶振信号正常，然后检测 FM 小电路板上的 10 个焊接引脚的信号，在③、④脚可以检测到伴音信号波形，⑨、⑩脚的数据、时钟信号由于频率、振幅的原因，可以在示波器上看到有波形变化，但是不容易分辨。

⑤ 测量 FM 电路的电压值时，仍然可以借助示波器的接地端，测得的电压值见表 2-2。

表 2-2 FM 收音电路电压值

引脚	电压值	引脚	电压值	引脚	电压值
①	0V	⑤	0V	⑨	2.75V
②	0V	⑥	3V	⑩	2.75V
③	1.35V	⑦	0V		
④	1.35V	⑧	0V		

【实训演练】

采用 RK2700 芯片的 MP4 机 FM 收音电路的检测方法如图 2-47 所示。

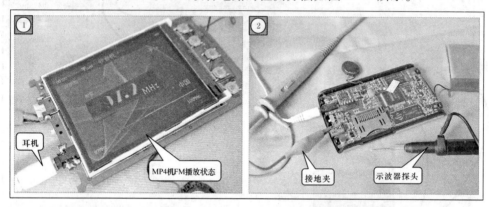

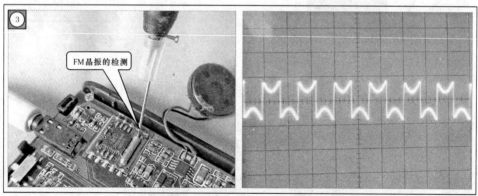

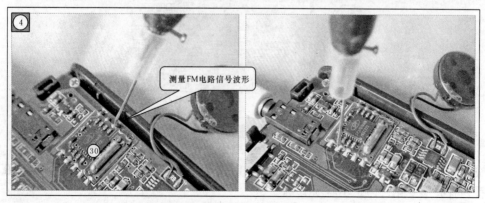

图 2-47 采用 RK2700 芯片的 MP4 机 FM 收音电路的检测方法

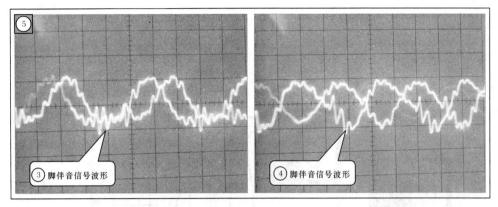

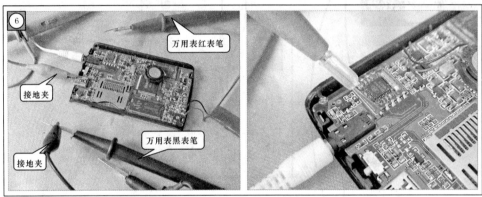

图 2-47　采用 RK2700 芯片的 MP4 机 FM 收音电路的检测方法（续）

2.2.6　MP4 数码机电源电路的故障检修

1. MP4 数码机电源电路的故障表现

（1）故障现象

电源电路出现故障，MP4 机就无法正常开机工作，常见的故障现象为开机无反应，但有时通过 USB 接口供电可以工作。

（2）故障产生的可能性

MP4 机的电源电路包括电源供电电路、电源开关控制电路、稳压电路、稳压控制电路，不管是哪个电路出现故障，都会造成 MP4 机无法正常工作。

2. MP4 数码机电源电路的故障检修方法

如图 2-48 所示为纽曼 MP4 机的电源供电电路，该电路由多个集成电路、场效应晶体管、晶体管、二极管等半导体器件组成，这些器件都是检测的重点，可以通过元器件安装图 2-49 查找。

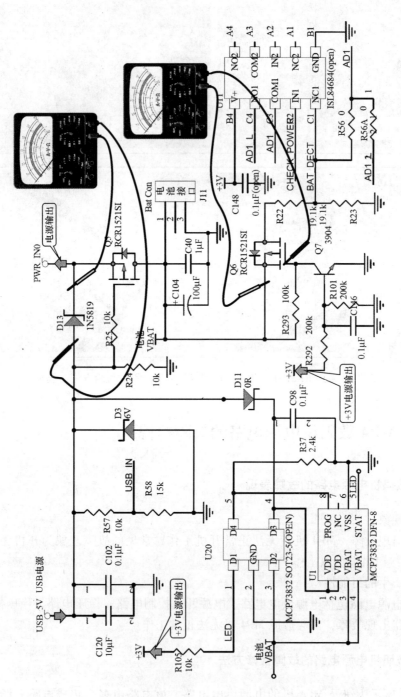

图2-48 纽曼MP4机电源供电电路

第 2 单元　MP3/MP4 数码机的结构特点和维修技能

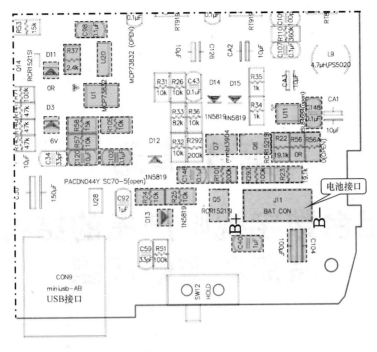

图 2-49　纽曼 MP4 机电源供电电路元器件安装图

第3单元

组合数字视听产品的结构特点和维修技能

综合教学目标：了解组合数字视听产品的结构、功能、工作原理和检修方法。

岗位技能要求：能根据图纸资料对典型组合数字视听产品的单元电路及主要元器件进行检测。

项目 1

掌握组合数字视听产品的结构特点和检修方法

教学要求和目标：掌握组合数字视听产品的结构特点、信号流程、工作原理和检修方法。

任务1.1　组合数字视听产品的整机结构和工作原理

数码组合音响是集各种音响设备于一体或将多种音响设备组合后的多声道环绕立体声放音系统，这种产品一般具有收、录、放、唱的功能，由于很多的音响产品都兼容音像功能，用 DVD 机、VCD 机代替 CD 机，因而这种组合机不仅能播放音频信号，还能播放视频信号。如图 1-1 所示为典型组合数字视听产品的实物外形。

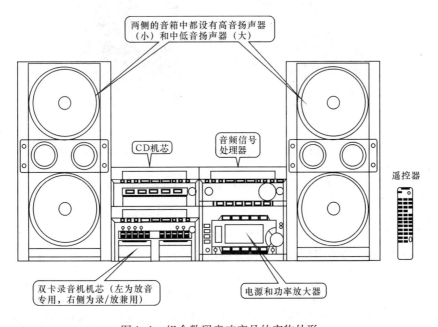

图 1-1　组合数码音响产品的实物外形

1.1.1 组合数字视听产品的外部结构

组合数字视听产品主要是由几个相对比较独立的电路单元组成的，不同型号的产品所包含的电路单元功能也是不同的。市场上流行的产品所包含的电路单元主要有收音机部分、CD 机部分、MD 播放器（迷你播放器），有些还包含 VCD 机芯、DVD 机芯、音箱等，如图 1-2 所示为典型的几种组合数字视听产品的整机外部结构图。

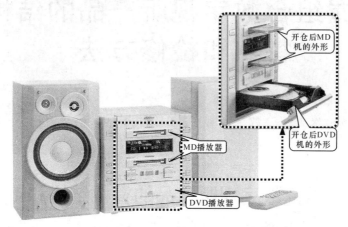

（a）典型MD和DVD机组合而成的数码组合产品实物外形

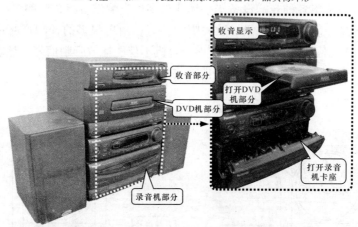

（b）集收音机、DVD机、录音机于一体的数码组合产品实物外形

图 1-2 组合数码视听产品的整机外部结构示意图

【知识扩展】

组合数字视听产品是将多种音频、视频播放模块组合为一体的设备，功能多体积小，其结构如图 1-3 所示。

下面，我们以典型的组合数码产品为例，具体看一下其基本结构组成。如图 1-4 所示，其中如图 1-4（a）所示为该产品的正面结构图；如图 1-4（b）所示为该产品的背面结构图。

第3单元　组合数字视听产品的结构特点和维修技能

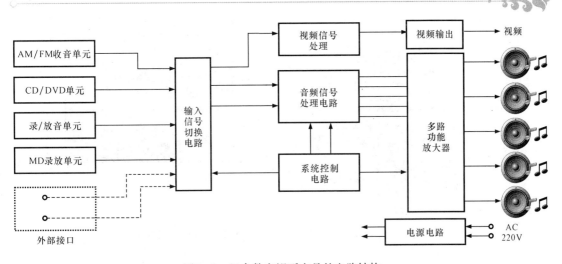

图 1-3　组合数字视听产品的电路结构

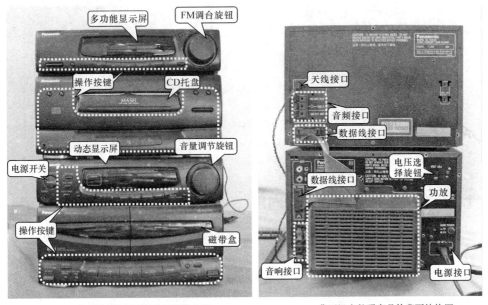

（a）典型组合数码产品的正面结构图　　（b）典型组合数码产品的背面结构图

图 1-4　典型组合数码视听产品的外部结构

（1）收音机和 DVD 机部分

在数码组合产品中，收音机和 DVD 机部分是其音频信号源之一，主要用来接收无线电广播节目和播放光盘中的音频信息，如图 1-5 所示为该典型数码组合音响的收音机和 DVD 机部分。

（2）双卡录音机

在数码组合产品中，双卡录音机主要用来播放（或记录）磁带中的音频信息，如图 1-6 所示为该典型数码组合音响中的双卡录音机部分。

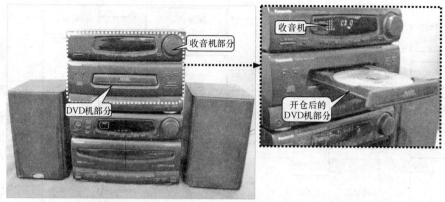

图1-5 典型数码组合产品中的收音机和DVD机部分

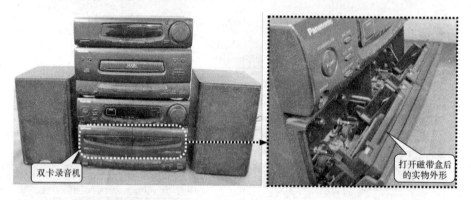

图1-6 典型数码组合产品中的双卡录音机部分

1.1.2 组合数码产品中的内部结构

打开数码组合产品的外壳后即可看到其内部的结构组成。如图1-7所示为该典型数码组合产品的内部结构，其中如图1-7（a）所示为双卡录音座和功放部分内部结构；如图1-7（b）所示为VCD和收音部分的内部结构。

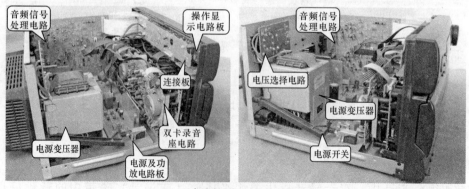

（a）双卡录音座和功放部分的内部结构

图1-7 典型数码组合产品的内部结构

第 3 单元　组合数字视听产品的结构特点和维修技能

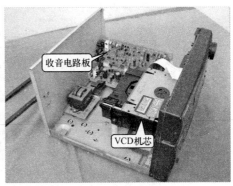

(b) VCD和收音部分的内部结构

图 1-7　典型数码组合产品的内部结构（续）

由上图可知，数码组合产品内部主要包括系统控制和显示驱动电路、收音电路、CD/VCD 伺服、驱动和数字信号处理电路、音频信号处理电路、双卡录音座电路和电源电路等。

任务1.2　数码组合产品的电路结构

1.2.1　系统控制和操作显示电路

系统控制和操作显示电路是数码组合产品中的整机控制电路，主要用于控制各部分电路的启动、切换、显示等工作状态，如图 1-8 所示为其结构及功能框图。

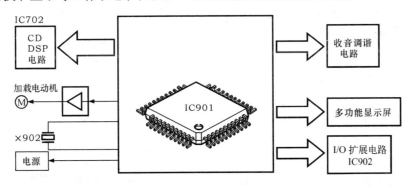

图 1-8　系统控制和操作显示电路方框图

如图 1-9 所示为上述典型数码组合音响中的系统控制和操作显示电路板实物外形。

由图 1-9 可知，该电路部分包括操作显示屏、收音机调谐控制器、操作按键、数据线接口及微处理控制器等部分，其中 IC901（M38173M6262）是微处理器控制芯片，它分别对整机各部分的电路进行控制。

（1）微处理器控制芯片 IC901（M38173M6262）

在系统控制和操作显示电路中，IC901 是微处理控制器，它分别对整机的各部分进行控制，如图 1-10 所示为微处理器控制芯片的实物外形及引脚功能。

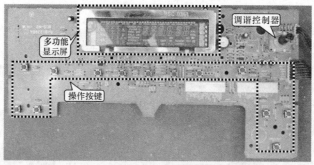

(a) 系统控制和操作显示电路板的正面实物外形

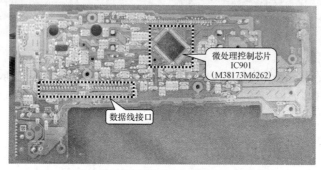

(b) 系统控制和操作显示电路板的背面实物外形

图 1-9　典型数码组合产品中系统控制和操作显示电路板的实物外形

(a) 微处理控制器IC901（M38173M6262）的实物外形

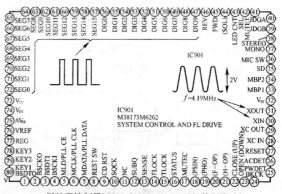

(b) 微处理控制器IC901（M38173M6262）的引脚功能

图 1-10　微处理器控制芯片的实物外形及引脚功能

（2）操作显示屏

操作显示屏主要用来显示当前用户操作按键的工作状态，当操作按键时，人工指令通过连接插件送入控制电路中进行处理，然后做出相应的动作，同时显示屏的字符也会根据不同的人工指令显示不同的字符。如图 1-11 所示为操作显示屏的实物外形。

图 1-11　操作显示屏的实物外形

1.2.2　收音电路

在数码组合产品中，收音机电路部分是接收广播电台节目的电路，在收音电路中，主要

第3单元 组合数字视听产品的结构特点和维修技能

调谐和记忆电路都采用了数字技术。

如图1-12所示为典型数码组合产品中的收音电路部分的实物外形,由图可知,该电路主要是由FM/AM收音电路IC1（AN7273）、调谐控制集成电路IC2（LM7001）、调频立体声解码电路IC3（BA1332L）及天线接口等部分构成的。

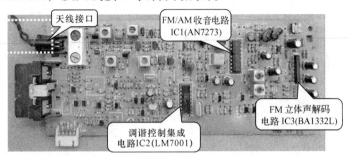

图1-12 典型数码组合产品中的收音电路部分的实物外形

（1）FM/AM收音电路IC1（AN7273）

IC1是FM/AM中放电路、检波电路、AM频段的高放本振电路和混频电路等集于一体的集成电路,其实物外形及内部结构如图1-13所示。

(a) 集成电路IC1的实物外形

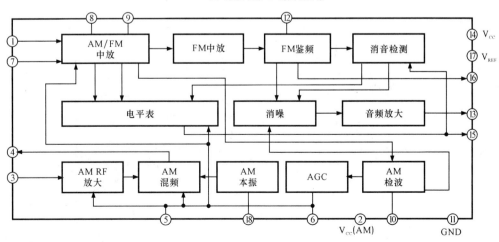

(b) 集成电路IC1(AN7273)的内部结构

图1-13 集成电路IC1（AN7273）的实物外形及内部结构

· 153 ·

（2）调谐控制集成电路 IC2（LM7001）

IC2 是锁相环频率合成式的调谐控制集成电路，该电路输出电压控制信号，去控制 FM 及 AM 接收部分，如图 1-14 所示为其实物外形及引脚功能。

(a) 调谐控制集成电路IC2的实物外形

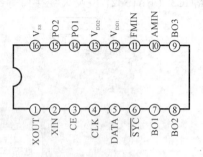
(b) 调谐控制集成电路IC2的引脚功能

图 1-14　调谐控制集成电路 IC2（LM7001）的实物外形及引脚功能

（3）调频立体声解码电路 IC3（BA1332L）

在数码组合音响中，由 FM 中放和解调后的 FM 音频信号由②脚送入解码电路 IC3 中，经解码后由 IC3 的④脚和⑤脚分别输出立体声信号 L、R。如图 1-15 所示为调频立体声解码电路 IC3（BA1332L）的实物外形及其引脚功能。

(a) 调谐控制集成电路BA1332L的实物外形

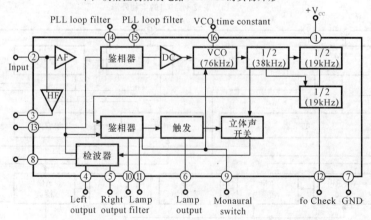
(b) 调谐控制集成电路BA1332L的引脚功能

图 1-15　调频立体声解码电路 IC3（BA1332L）的实物外形及其引脚功能

1.2.3 CD/VCD 信号处理电路

CD/VCD 信号处理电路主要是用于处理 CD/VCD 机核心电路的部分，通常包括伺服预放集成电路、CD/VCD 数字信号处理电路和伺服预放电路等部分，如图 1-16 所示为其电路关系图。

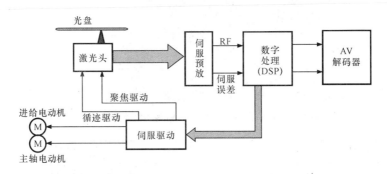

图 1-16 CD/VCD 信号处理电路各部分关系图

如图 1-17 所示是典型数码组合产品中 CD 机芯的信号处理电路板的实物外形，激光头将读取的光盘信息送到该电路板，分别进行数据信息和伺服误差信息的处理。

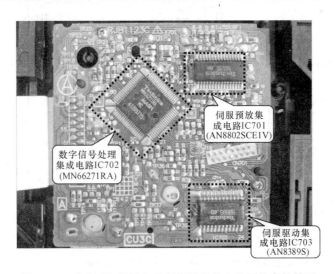

图 1-17 典型 CD 伺服和数字信号处理电路板的实物外形

由图可知，该电路主要是由伺服预放集成电路 IC701（AN8802SCE1V）、数字信号处理集成电路 IC702（MN66271RA）和伺服驱动集成电路 IC703（AN8389S）等构成的。

（1）伺服预放集成电路 IC701（AN8802SCE1V）

伺服预放集成电路主要用于接收由激光头送来的光盘信号，主要完成 RF 信号的放大、聚焦误差的提取、循迹误差的提取及激光二极管的供电控制等功能。

如图 1-18 所示为该机中伺服预放集成电路 IC701（AN8802SCE1V）的实物外形及引脚功能，其中⑨脚输出 RF 信号，㉕脚输出聚焦误差信号，㉔脚输出循迹误差信号。

(a) 伺服预放电路IC701(AN8802SCE1V)的实物外形

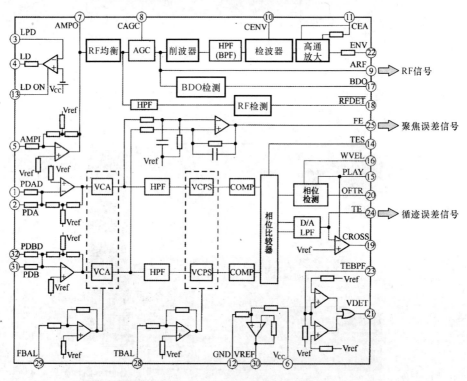

(b) 伺服预放电路IC701(AN8802SCE1V)的引脚功能

图1-18 伺服预放集成电路IC701（AN8802SCE1V）的实物外形及引脚功能

（2）CD数字信号处理集成电路IC702（MN66271RA）

CD数字信号处理集成电路是将前级伺服预放集成电路输出的RF信号和聚焦、循迹误差信号进行处理、D/A变换后输出立体声音频信号，同时对主轴伺服和进给伺服信号进行处理，经处理后形成的控制信号分别送到伺服驱动集成电路的控制端。如图1-19所示为该机中的CD数字信号处理集成电路IC702（MN66271RA）的实物外形及引脚功能。

（3）伺服驱动集成电路IC703（AN8389S）

在数码组合音响中，CD伺服驱动集成电路主要是用于输出控制聚焦线圈、循迹线圈、主轴电动机、进给电动机等的驱动信号的电路单元，如图1-20所示为该部分的功能示意图。

第3单元　组合数字视听产品的结构特点和维修技能

(a) CD数字信号处理集成电路MN66271RA的实物外形

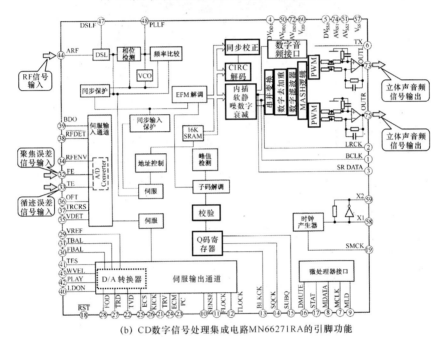

(b) CD数字信号处理集成电路MN66271RA的引脚功能

图1-19　数字信号处理集成电路IC702（MN66271RA）的实物外形及引脚功能

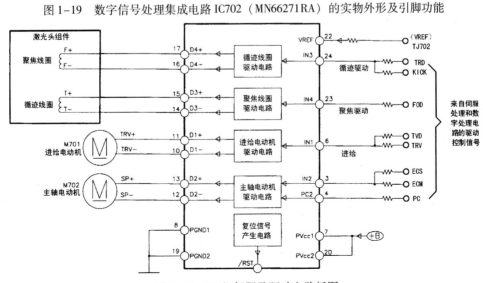

图1-20　CD机伺服及驱动电路板图

· 157 ·

如图1-21所示为该典型数码组合产品CD电路中的伺服驱动集成电路IC703（AN8389S）的实物外形及内部结构框图，该集成电路共有24个引脚，其中⑮~㉒脚分别输出四组驱动信号。

(a) 伺服驱动集成电路IC703（AN8389S）实物外形

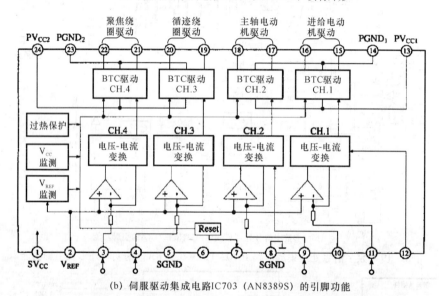

(b) 伺服驱动集成电路IC703（AN8389S）的引脚功能

图1-21　伺服驱动集成电路IC703（AN8389S）的外形及内部结构框图

1.2.4　音频信号处理电路

在数码组合音响中，音频信号处理电路是对音频信号进行数字处理以达到满意的音响效果，其中收音信号、CD信号、录放音信号、话筒信号及由外部输入的音频信号都是送到这个电路中进行数字处理，主要是进行环绕声处理、图示均衡处理、音调调整、低音增强等，以提高组合音响的音质效果。如图1-22所示为音频信号处理

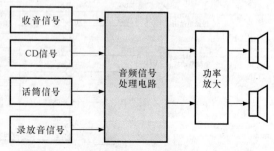

图1-22　音频信号处理电路的功能示意图

电路的功能示意图。

例如，如图 1-23 所示为典型音频信号处理电路的实物外形。

(a) 音频信号处理电路板正面　　(b) 音频信号处理电路板背面

图 1-23　典型音频信号处理电路的实物外形

（1）数字音频控制器 IC302（M62408FP）

如图 1-24 所示为数字音频控制器 IC302（M62408FP）的实物外形，该芯片为数码组合音响中的公共音频信号处理电路，主要完成音频信号的切换、合成及频率特性控制。

图 1-24　数字音频控制器 IC302（M62408FP）的实物外形

（2）滤波放大器（BA4558）

滤波放大器是由双运放集成电路和外围元件构成的，其功能是将音频信号进行滤波和放大。在该机的音频信号处理电路板上设有两个型号相同的滤波放大器 IC305、IC306，其实物外形及引脚功能如图 1-25 所示。

 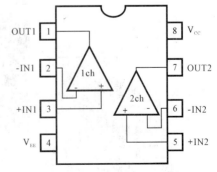

(a) 滤波放大器IC306（BA4558）的实物外形　　(b) 滤波放大器IC306（BA4558）的引脚功能

图 1-25　滤波放大器 BA4558 的实物外形及引脚功能

1.2.5 双卡录音座电路

在数码组合音响中，双卡录音座是不带音频功率放大器的录放音设备，它通常是音响系统中的一部分，双卡录音具有两个录音机芯：卡1用于放音，卡2用于录放音。双卡录音座电路将卡1和卡2送来的音频信号处理后送往音频信号处理电路中。如图1-26所示为其工作原理示意图。

例如，如图1-27所示为典型数码组合音响中双卡录音座电路板的实物外形。

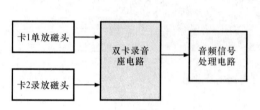

图1-26　双卡录音座电路的工作原理示意图　　图1-27　典型数码组合音响中双卡录音座电路板的实物外形

1.2.6 功放电路

数码组合音响的功放电路是CD、收音外部输入、录放音部分的共用音频功率放大器，其功能示意图如图1-28所示。

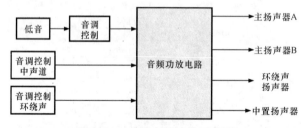

图1-28　功放电路功能示意图

在数码组合音响产品中，功放是其中的一个电路单元，主要用于将各音频信号源输出的音频信号进行功率放大，通常与电源电路板相连接，而且由于其为一种大功率器件，通常安装在散热片上。例如，如图1-29所示为上述典型数码组合音响中的功率放大器SV13101D的实物外形。

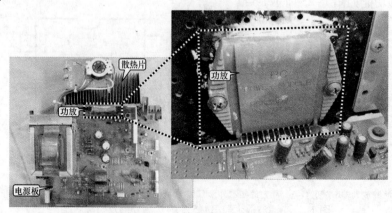

图1-29　功放电路的实物外形

项目 2

组合数码视听产品的检修技能实训

教学要求和目标：通过对组合数字视听产品的检修实训，掌握各单元电路的检测方法，以及各种信号的识读技能，建立故障分析的思路。

任务2.1　数码组合音响的检修思路

2.1.1　数码组合音响的故障特点和常见故障表现

数码组合音响是一种结构十分复杂的电子产品，其内部包含有CD、收音机及双卡录音机等设备，因此，故障有复杂性和多样性等特点，同其他家用电子产品相比维修难度较大，但是每种电路部分所产生的故障表现略有不同，维修人员可根据各种故障表现来推断故障产生的部位。

1. 系统控制电路

系统控制电路是对组合音响中的各种电路进行控制的电路，该电路出现故障时，通常会导致CD和收音机等部分出现故障。其主要表现通常为无法实现收音调台、FM/AM的切换、CD与收音机显示内容的切换及显示屏无显示等相关故障。

2. 收音电路

目前，在很多数码组合音响中的收音电路都采用数字调谐方式，采用该方法可以实现自动调谐，而且准确。当该电路出现故障时，将直接导致用户在使用收音机时，无声音输出、FM/AM某一状态下无声音、收音中音箱存在噪声或干扰等现象。

3. CD伺服和数字信号电路

CD伺服和数字信号电路发生故障会使主轴电动机转动失步。聚焦、循迹伺服失常主要表现是不读盘，整个机器不能进入工作状态。

若组合音响中的CD机出现光盘加载不到位、自动弹出、不能进入正常播放状态、自动停机等故障现象，其产生原因主要来自机械传动部分，该部位是用来装载光盘或者用来控制激光头的位置，机械系统不良的故障比较复杂。

4. 音频信号处理电路

音频信号处理电路是整个组合音响中用于处理各组成部件音频信号的主要电路，可实现对各设备音频信号的切换、解码等相关操作。当该电路出现故障时，通常会导致组合音响整体无声音、某一设备在使用时无声音、音量过低或过大、噪声严重、无重低音或左/右声道只有一个有声音等。

5. 双卡录音座电路

双卡录音座电路的主要功能是将声音信号变为电信号，经电磁转换，把声音信号记录在磁带上。当该电路出现故障时，将会导致无法播放磁带及暂停、快进、后退、录音等相关功能失常。

6. 音频功率放大器电路

在组合音响中，各部件的音频信号经音频信号处理电路后，需送往音频功率放大器，将音频信号放大到足够的功率后，实现对音响的驱动。该电路出现故障时，将直接导致数码组合音箱无声音输出。

7. 电源电路

若数码组合音响的系统控制部分有故障，则会引起整机工作不正常或不能工作，如各部件不能正常工作、自动停机、自动断电等，操作显示电路不正常会导致操作失灵、显示不良等故障。

2.1.2 数码组合音响的故障检修流程

检修数码组合音响的过程就是分析故障、推断故障、检测可疑电路、调整和更换零部件的过程。检修程序如图2-1所示。在整个过程中，分析、推断和检测故障是重要一环，没有分析和推断，检修必然是盲目的。

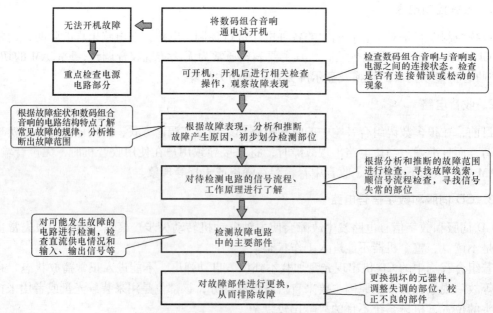

图2-1 数码组合音响的故障检修程序

所谓分析和推断故障就是根据故障现象，即故障发生后所表现的征状，推断出可能导致故障的电路和部件，初步确定故障的产生电路。

由于数码组合音响内部结构的复杂性,因此,在实际的检修过程中,仅靠分析和推断还不能完全诊断出故障的确切位置。要找出故障元件还要借助于检测和试调整等手段。

在检修过程中,电路原理图和布线图往往是很有用的,利用它可以迅速找到需要检测的元器件位置,对照图纸资料所提供的数据,可以很快判断所测元件是否有故障。

简单地说,分析和推断故障就是根据故障现象揭示出导致故障的原因。每种电路的故障或机构的失灵都会有一定的征状,都存在着某种内在规律。然而,实际上不同的故障却可能表现出相同的形式,因此,从一种故障现象往往会推断出几种故障的可能性,但这还不是最后的程序。

由于电子技术发展很快,新技术、新元件不断推出,各具特色的数码组合音响不断涌现,因此,要求维修者不但要熟悉和掌握数码组合音响的基本原理和基本电路结构,而且要不断地学习新技术,了解新电路的结构特点,摸索其故障规律。

电路结构的复杂性给分析、诊断故障带来了很多困难。数码组合音响的故障诊断,也不是简单地分析和推断就能解决问题的,因为所表现的征状和故障之间并不是简单的关系,有些故障的检测常常十分复杂,维修人员要通过大量实践不断积累检测经验才能熟练地掌握维修技能。对于初学数码组合音响维修的人员来说,遇到故障机,先从哪里入手,怎样进行故障的分析、推断和检修是十分重要的问题。

任务2.2　数码组合音响的检修方法实训

学习数码组合音响的检修技能,重点是掌握其组成电路单元及主要部件的检修和判断方法,下面我们以典型数码组合音响为例进行具体介绍。

2.2.1　系统控制电路的检修方法实训

系统控制电路的主要功能是对收音电路、CD电路、录放音电路及音频信号处理电路进行控制,对该电路部分进行检测时,主要是指对电路中的主要器件进行检测。

例如,图2-2所示为典型数码组合音响中系统控制电路的基本检修流程。由图可知,该

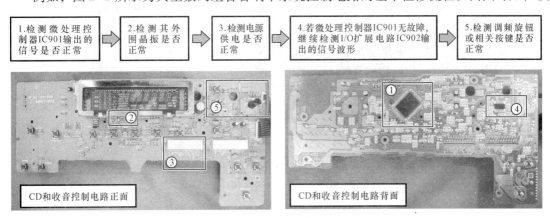

图2-2　典型数码组合音响中CD和收音控制电路的基本检修流程

电路主要是由微处理控制器 IC901（M38173M6262）、I/O 扩展电路 IC902（LA5608M-TE-L）、多功能显示屏 FL901、调频旋钮等部件组成的。当系统控制电路出现故障时，可重点对以上部件进行检测。

1. 控制微处理器 IC901（M38173M6262）的检修方法

控制微处理器 IC901（M38173M6262）是整个 CD 和收音控制电路的核心部件，该电路中的主要控制信号都是由该芯片输出的。在对该芯片进行检测时，可首先对其供电电压进行检测，若供电正常，可继续对其晶振信号和复位信号进行检测，以上三个检测点是 IC901 处于工作状态的基本条件。当以上工作条件均正常时，可用示波器对该芯片其他引脚输出的控制信号进行检测，若无信号输出则表明该电路已损坏，需更换。

根据前一章节中对控制微处理器 IC901（M38173M6262）内部结构及功能的分析可知，其㊼脚为 +5V 供电电压输入端；其㉙、㉘脚和㉚、㉛脚为晶振信号输入/输出端；㉗脚为复位输入端。㊼~㊆脚向多功能显示屏 FL901 输出显示屏驱动信号。

【实训演练】

控制微处理器 IC901（M38173M6262）的具体检修方法如图 2-3 所示。

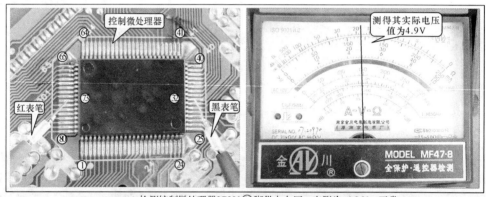

(a) 检测控制微处理器 IC901㊼脚供电电压，实测为 +4.9 V，正常

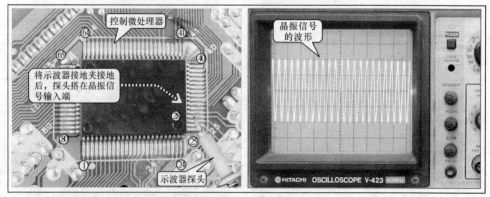

(b) 检测控制微处理器 IC901㉘~㉛脚输入的晶振信号波形

图 2-3　控制微处理器 IC901（M38173M6262）的具体检修方法

第3单元 组合数字视听产品的结构特点和维修技能

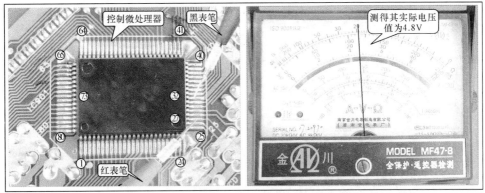

(c) 检测控制微处理器IC901㉗脚复位信号端的供电电压,实测为+4.8 V,正常

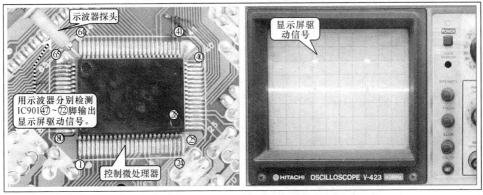

(d) 检测控制微处理器IC901㊼~㊷脚输出的显示屏驱动信号

图2-3 控制微处理器IC901(M38173M6262)的具体检修方法(续)

若测得的控制微处理器IC901(M38173M6262)的供电电压、晶振信号及复位电压均正常,而无显示屏驱动信号输出时,通常可判定该芯片已损坏,需更换。

2. I/O扩展电路IC902(LA5608M-TE-L)的检测实训

I/O扩展电路IC902(LA5608M-TE-L)实际上是微处理的扩展电路,又称接口电路。其主要功能是将微处理器的控制信号进行放大作为控制总线输出户,以提高总线的负载能力。

根据电路分析,在对该电路进行检测时,其检测方法可参照控制微处理器IC901。其中,I/O扩展电路IC902的⑩脚为+5V供电电压输入端;其㉗脚为复位信号输入端;①脚输出总线数据动信号、②脚输出总线时钟信号。

【实训演练】

I/O扩展电路IC902(LA5608M-TE-L)的具体检测方法如图2-4所示。

若I/O扩展电路IC902的供电不正常,则故障部位可能在电源电路部分;若供电及复位信号正常,而无总线时钟及数据信号输出时,表明该芯片已损坏,需更换。

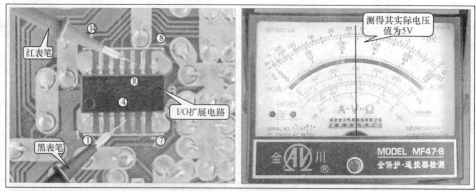

(a) 检测I/O扩展电路IC902 ⑩脚供电电压，实测为+5 V，正常

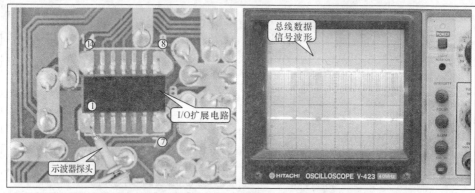

(b) 检测I/O扩展电路IC902 ①脚输出总线数据波形

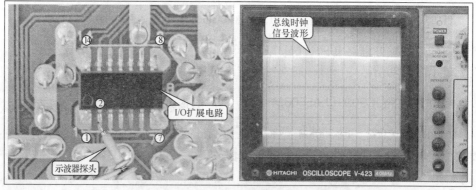

(c) 检测I/O扩展电路IC902 ②脚输出总线时钟波形

图2-4　I/O扩展电路IC902（LA5608M–TE–L）的具体检测方法

2.2.2　收音电路的检修实训

收音电路是接收无线电广播节目的电路，如图2-5所示为典型数码组合音响中收音电路的基本检修流程。由图可知，该电路主要是由FM/AM收音电路IC1（AN7273W）、锁相环频率合成式调谐控制集成电路IC2（LN7001）、立体声解码电路IC3（RVIBA1332L）等部件组成的。

第3单元 组合数字视听产品的结构特点和维修技能

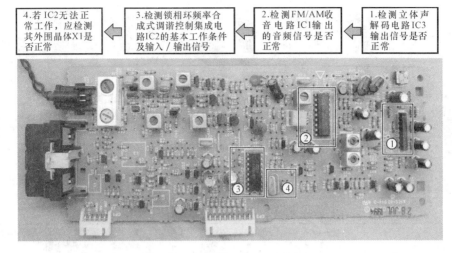

图 2-5 收音电路的基本检修流程

当组合音响的调频收音出现故障时,可根据该检修思路,从收音电路的后级输出电路部分,即立体声解码电路的输出端进行检测,若该处无音频信号输出,则多为该电路板中存在不良元件,然后顺信号流程逐级向前一步一步检测主要组成器件输入端和输出端的信号是否正常,并排除故障。

1. 立体声解码电路 IC3(RVIBA1332L)的检测实训

立体声解码电路 IC3(RVIBA1332L)的②脚为音频信号输入端,④、⑤脚为立体声信号(L、R)输出端。

在对该电路进行检测时,可首先对其①脚的供电电压及输入/输出的信号波形进行检测,若供电正常,而无输出信号时,表明该芯片已损坏。

【实训演练】

立体声解码电路 IC3(RVIBA1332L)的具体检测方法如图 2-6 所示。

(a)检测立体声解码电路IC3的①脚供电电压,实测为+5 V,正常

图 2-6 立体声解码电路 IC3(RVIBA1332L)的具体检测方法

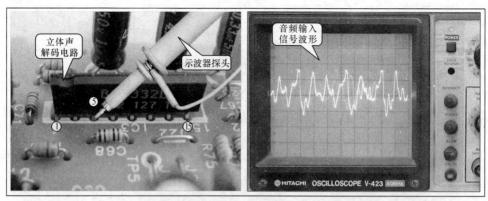

（b）检测立体声解码电路IC3的⑤脚输出的音频信号波形

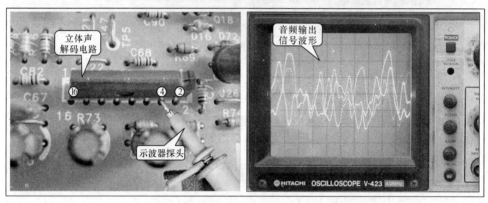

（c）检测立体声解码电路IC3的④脚输出的音频信号波形

图 2-6　立体声解码电路 IC3（RVIBA1332L）的具体检测方法（续）

【技能扩展】

除上述检测点外，在正常情况下，立体声解码电路 IC3（RVIBA1332L）的⑫、⑯脚还可检测到如图 2-7 所示信号波形。

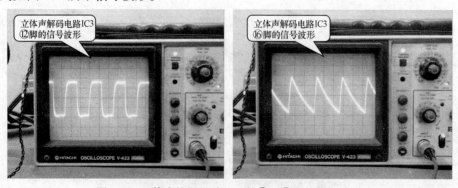

图 2-7　立体声解码电路 IC3 的⑫、⑯脚的信号波形

2. FM/AM 收音电路 IC1（AN7273W）的检测实训

FM/AM 收音电路 IC1（AN7273W）接收前级送来的 FM 中频信号、AM RF 信号及 AM

第3单元 组合数字视听产品的结构特点和维修技能

本振信号，以上信号在其内部经相关处理后，由其⑬脚输出送往立体声解码电路 IC3（RVI-BA1332L）的音频信号。

在对该电路进行检测时，可首先对其②、⑭脚的供电电压及输入/输出的信号波形进行检测（检测时可参照前一章节中对该芯片内部结构和引脚功能的介绍和分析），若供电正常，而无输出信号时，表明该芯片已损坏。

【实训演练】

FM/AM 收音电路 IC1（AN7273W）的具体检测方法如图 2-8 所示。

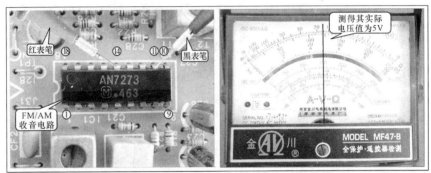

(a) 检测FM/AM收音电路IC1⑭脚供电电压，实测为+5 V，正常

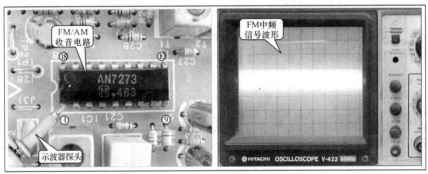

(b) 检测FM/AM收音电路IC1①脚输入的FM中频信号波形

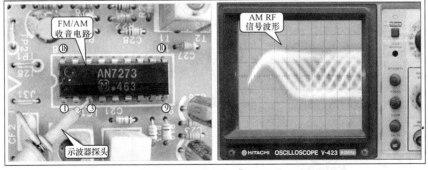

(c) 检测FM/AM收音电路IC1③脚输入的AM RF信号波形

图 2-8　FM/AM 收音电路 IC1（AN7273W）的具体检测方法

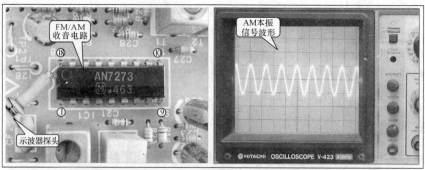

（d）检测FM/AM收音电路IC1⑱脚输入的AM本振信号波形

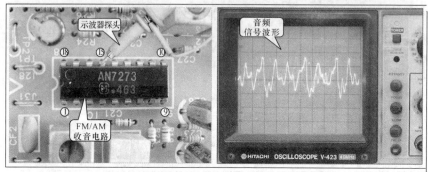

（e）检测FM/AM收音电路IC1⑮脚输出的音频信号波形

图 2-8　FM/AM 收音电路 IC1（AN7273W）的具体检测方法（续）

3. 调谐控制集成电路 IC2（LN7001）的检修实训

调谐控制集成电路的检测方法与前面两个集成电路的检测方法相似，首先检测其基本的工作条件，若在其各种条件正常的前提下，无控制信号输出，则多为芯片本身损坏。

根据前一章对该调谐控制集成电路 IC2（LN7001）的电路分析，其⑫、⑬脚为 +5V 电源供电端；①、②脚外接晶体 X1，为其提供所需的时钟信号；⑩脚接收 AM 的本振信号；⑭、⑮脚输出电压控制信号。

在对该电路进行检测时，可首先对其供电及晶振信号进行检测，以上两点是 IC2 处于正常工作状态的基本条件，若以上检测均正常时，则其⑭、⑮脚将有控制信号输出。

【实训演练】

调谐控制集成电路 IC2（LN7001）的具体检修方法如图 2-9 所示。

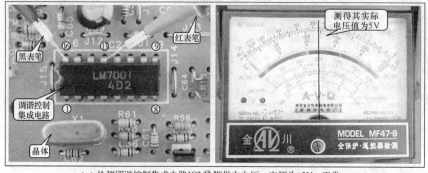

（a）检测调谐控制集成电路IC2⑬脚供电电压，实测为+5V，正常

图 2-9　锁相环频率合成式调谐控制集成电路 IC2（LN7001）的具体检修方法

第3单元 组合数字视听产品的结构特点和维修技能

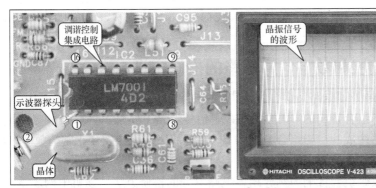

(b) 检测调谐控制集成电路IC2①、②脚的晶振信号波形

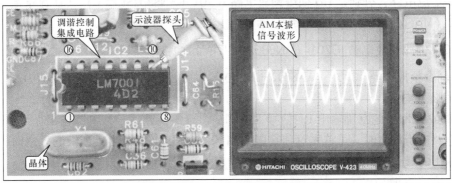

(c) 检测调谐控制集成电路IC2⑩脚的AM本振信号

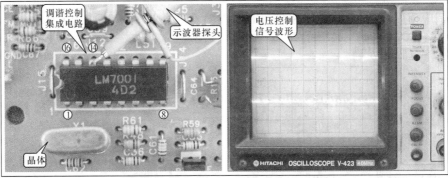

(d) 检测调谐控制集成电路IC2⑭脚输出的电压控制信号

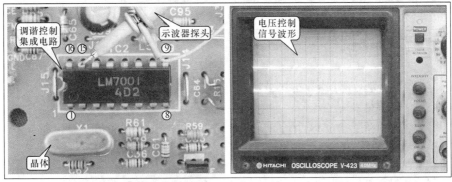

(e) 检测调谐控制集成电路IC2⑮脚输出的电压控制信号

图2-9 锁相环频率合成式调谐控制集成电路IC2（LN7001）的具体检修方法（续）

若测得的调谐控制集成电路 IC2 的供电电压及晶振信号均正常，而无电压控制信号输出时，通常可判定该芯片已损坏，需更换。

2.2.3　CD 伺服和数字信号电路的检修实训

CD 伺服和数字信号处理电路是组合音响中 CD 机部分的核心电路，它主要用于控制 CD 机功能的实现。通常，组合音响的 CD 伺服和数字信号电路主要是由伺服预放电路、驱动电路及数字信号处理电路构成的，当组合音响的 CD 出现故障，无法实现正常播放 CD 光盘时，通常可对以上部件进行重点检测。

下面以上述典型数码组合音响为例介绍该电路部分的检修方法。该机中构成该电路的主要是三个集成电路，分别是 CD 伺服预放电路 IC701（AN8802SCE1V）、CD 数字信号处理电路 IC702（MN66271RA）及 CD 伺服驱动电路 IC703（AN8389S）。

1. CD 伺服预放电路 IC701（AN8802SCE1V）的检修实训

CD 伺服预放电路 IC701（AN8802SCE1V）识别激光头信号后，送入 IC701 中进行 RF 放大和伺服误差检测。

AN8802SCE1V 的⑨脚输出 RF 信号，㉕脚输出聚焦误差信号，㉔脚输出循迹误差信号。在对该电路进行检测时，可首先对其⑥脚 +5V 供电电压进行检测，当供电正常时，可检测其上述输出的三个关键信号波形，若无信号输出可表明该电路已损坏，需更换。

【实训演练】

CD 伺服预放电路 IC701（AN8802SCE1V）的具体检修方法如图 2-10 所示。

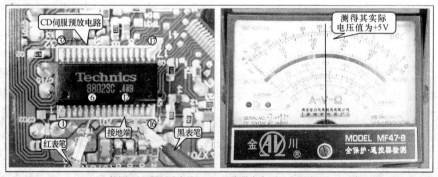

(a) 检测CD伺服预放电路IC701 ⑥脚供电电压，实测为+5V，正常

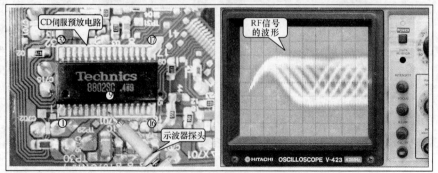

(b) 检测CD伺服预放电路IC701 ⑨脚输出的RF信号波形

图 2-10　CD 伺服预放电路 IC701（AN8802SCE1V）的具体检修方法

第 3 单元　组合数字视听产品的结构特点和维修技能

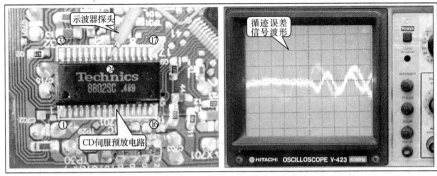

（c）检测CD伺服预放电路IC701㉔脚输出的循迹误差信号

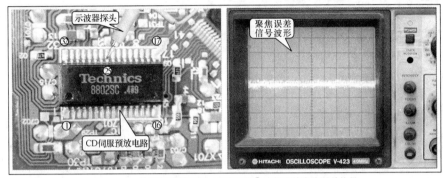

（d）检测CD伺服预放电路IC701㉕脚输出的聚焦误差信号

图 2-10　CD 伺服预放电路 IC701（AN8802SCE1V）的具体检修方法（续）

2. CD 数字信号处理电路 IC702（MN66271RA）的检测实训

由伺服预放输出的 RF 信号送到 CD 数字信号处理电路 IC702 的㊹脚，在其内部进行处理，最后经 D/A 变换后由㊷、㊵脚输出立体声音频信号。

另外，根据前文中该芯片的引脚功能图可知，MN66271RA 芯片的④、㊿、㋂、㊿脚为 +5V 供电端；㊾、㊽脚为晶振信号输入端，⑱脚为复位信号输入端；㉜、㉝脚接收由 CD 伺服预放电路 IC701 送来的聚焦误差信号和循迹误差信号；①脚为数据时钟信号；②脚为分离时钟信号；③脚为数字音频信号。

【实训演练】

在检测时，可首先对 CD 数字信号处理电路 IC702 的供电电压、晶振及复位信号进行检测，当以上检测均正常时，可对其输出的音频信号进行检测，若其无音频信号输出，而 RF 信号输入正常，表明该芯片已损坏。

CD 数字信号处理电路 IC702（MN66271RA）的具体检测方法如图 2-11 所示。

【技能扩展】

CD 数字信号处理电路 IC702（MN66271RA）其他引脚的信号波形如图 2-12 所示。

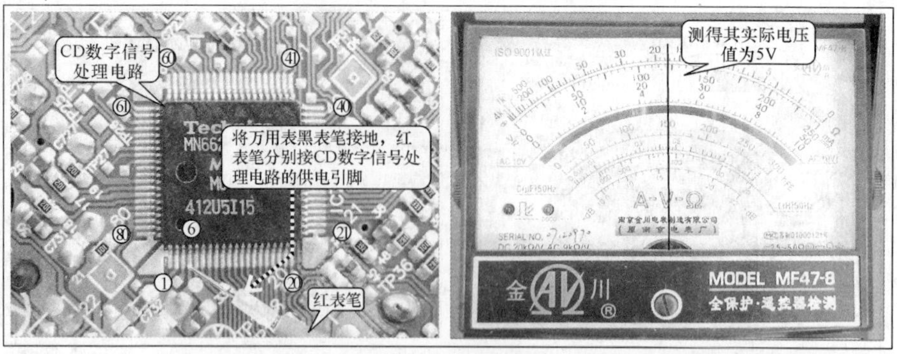

（a）检测CD数字信号处理电路IC702 ⑥脚供电电压，实测为+5 V，正常

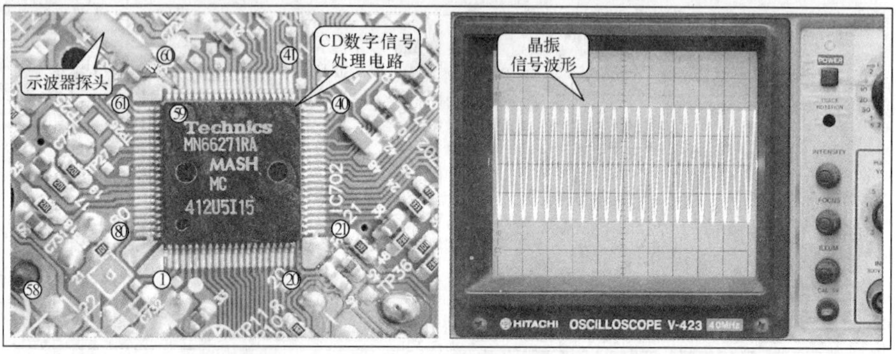

（b）检测CD数字信号处理电路IC702㊽、㊾脚的晶振信号波形

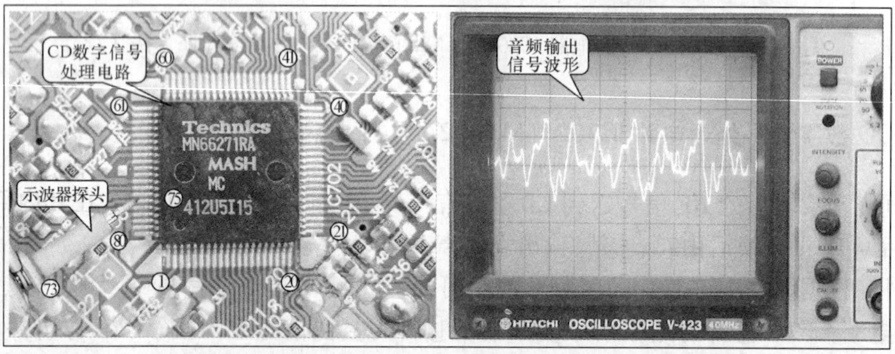

（c）检测FM/AM收音电路IC1⑦、⑤脚输出的音频波形

图 2-11　CD 数字信号处理电路 IC702（MN66271RA）的具体检测方法

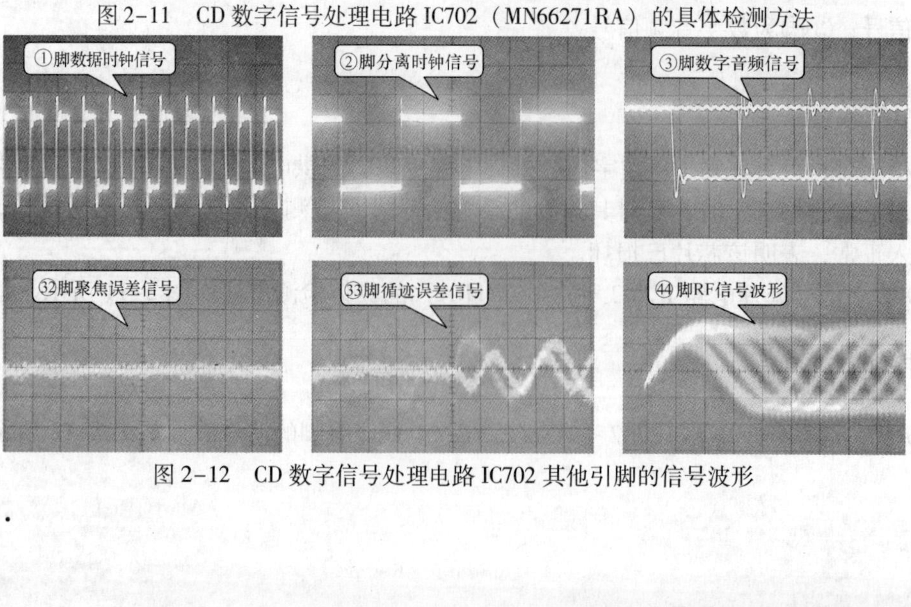

图 2-12　CD 数字信号处理电路 IC702 其他引脚的信号波形

第3单元　组合数字视听产品的结构特点和维修技能

3. CD 伺服驱动电路 IC703（AN8389S）的检测实训

对于伺服驱动电路，一般主要是对其输出的四组驱动信号进行检测并判断是否正常。

该机中的 CD 伺服驱动电路 IC703（AN8389S）的⑮、⑯脚输出进给电动机驱动信号；⑰、⑱脚输出主轴电动机驱动信号；⑲、⑳脚输出循迹线圈驱动信号；㉑、㉒脚输出聚焦线圈驱动信号。在对该电路进行检测时，若⑬、㉔脚供电正常，而无上述信号输出时，表明该芯片已损坏，需更换。

【实训演练】

CD 伺服驱动电路 IC703（AN8389S）的具体检测方法如图 2-13 所示。

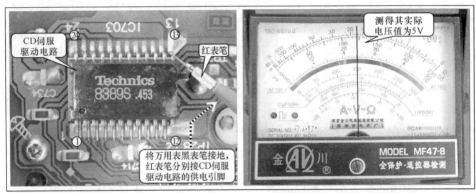

（a）检测CD伺服驱动电路IC703⑬脚供电电压，实测为+5V，正常

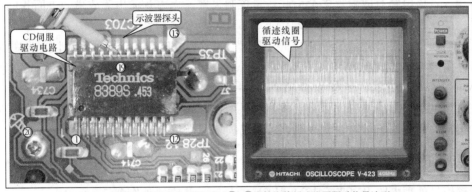

（b）检测CD伺服驱动电路IC703⑲、⑳脚输出的循迹线圈驱动信号波形

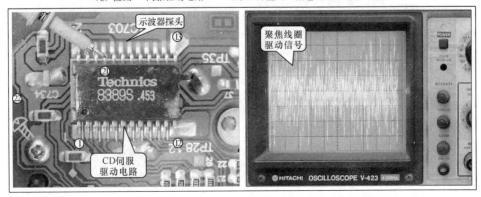

（c）检测CD伺服驱动电路IC703㉑、㉒ 脚输出的聚焦线圈驱动信号波形

图 2-13　CD 伺服驱动电路 IC703（AN8389S）的具体检测方法

【技能扩展】

正常情况下测得 CD 数字信号处理电路 IC702（MN66271RA）其他引脚的信号波形如图 2-14 所示。

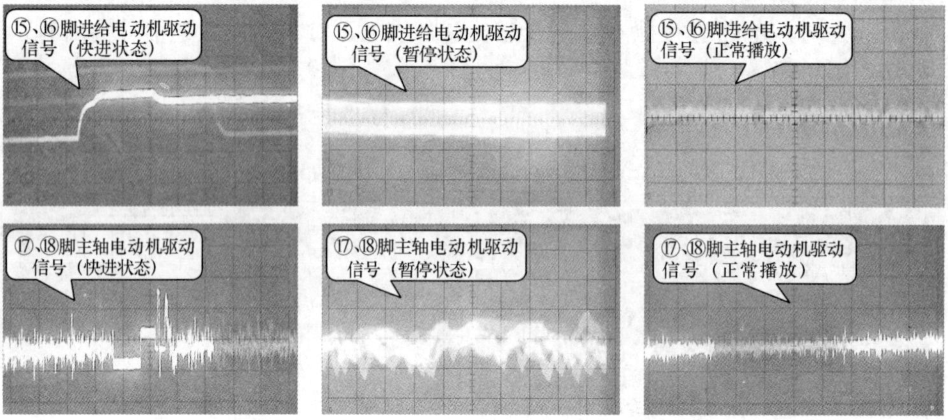

图 2-14　CD 数字信号处理电路 IC702 其他引脚的信号波形

2.2.4　音频信号处理电路的检修实训

数码组合音响中的音频信号处理电路，主要功能是对电路中的音频信号进行综合处理及音量控制，若该电路有故障，多会引起音量控制失常、无声音输出等故障。下面我们仍以该机中采用的音频信号处理电路 IC302（M62408FP）为例，介绍其检修方法。

根据前面章节对音频信号处理电路 IC302（M62408FP）的分析可知，该电路的(92)、㊴脚为音频信号输入端；(68)脚为话筒信号输入端；㊺、(86)脚音频信号输出端；⑮、(66)脚为 +7.5V 电源供电端；⑯～⑰脚和(63)～(65)脚为 -7.8V 电源供电端。

在对该电路进行检测时，可重点检测其供电电压及输入/输出信号波形，当供电及输入信号均正常，而无输出信号时，表明该芯片已损坏，需更换。

【实训演练】

音频信号处理电路 IC302（M62408FP）的具体检测方法如图 2-15 所示。

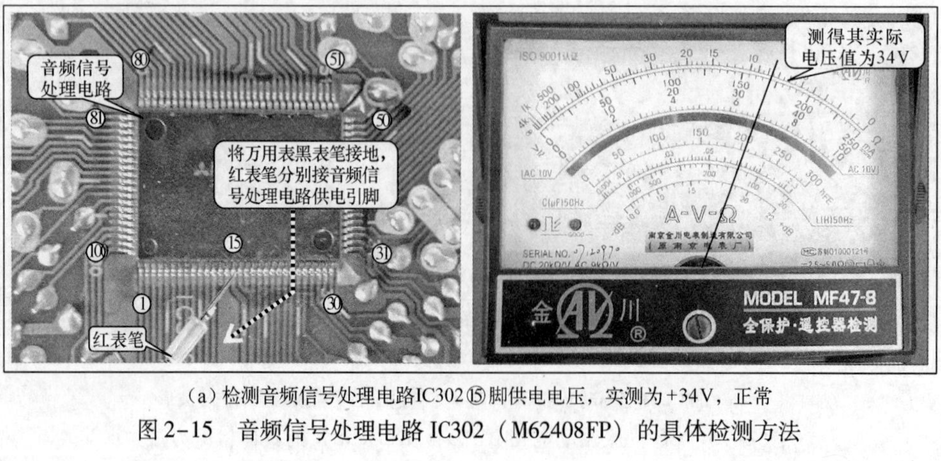

（a）检测音频信号处理电路IC302⑮脚供电电压，实测为+34V，正常

图 2-15　音频信号处理电路 IC302（M62408FP）的具体检测方法

第3单元　组合数字视听产品的结构特点和维修技能

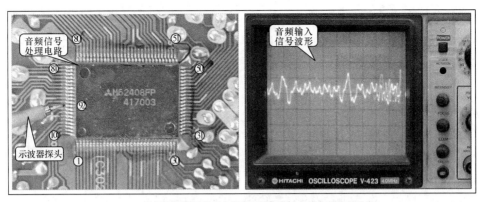

（b）检测音频信号处理电路IC302�脚输入的音频信号波形

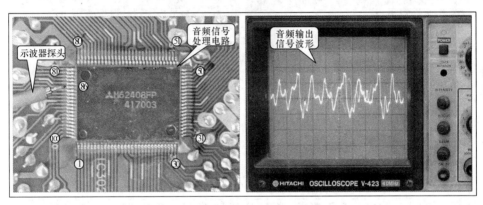

（c）检测音频信号处理电路IC302㊸脚输出的音频信号波形

图2-15　音频信号处理电路 IC302（M62408FP）的具体检测方法（续）

2.2.5　音频功率放大器的检修实训

音频功率放大器是数码组合音响中将音频信号进行功率放大的公共处理电路部分，若发生故障，则会造成电视机的声音失常，这时就需要根据音频信号处理电路的故障表现，对其进行实际的检修。

例如，上述组合音响中采用了型号为 SV13101D（IC501）的芯片作为其功放器件，该芯片的②、③脚为电压供电端，分别输入 33.9V 和 -34.4V 的供电电压；⑪、⑬脚为音频信号输入端；①、④脚为音频信号输出端。检测时，若供电及输入信号正常，而无输出信号时，则说明该电路已损坏，需更换。

【实训演练】

音频功率放大器 SV13101D 的具体检测方法如图 2-16 所示。

数字视听产品原理与维修

(a) 检测音频功率放大器IC501②脚供电电压，实测为+34V，正常

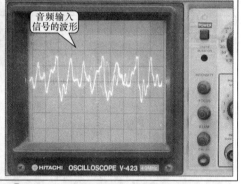

(b) 检测音频功率放大器IC501⑬脚输入的音频信号波形

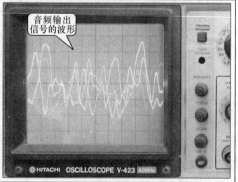

(c) 检测音频功率放大器IC501①脚输出的音频信号波形

图 2-16　音频功率放大器 IC501（SV13101D）的具体检测方法

第 4 单元
数码家庭影院系统（AV）的结构特点和维修技能

综合教学目标：了解数码家庭影院系统的结构、功能、工作原理和检修方法。

岗位技能要求：能根据图纸资料对典型数码影院系统的单元电路及主要元器件进行检测。

项目 1

掌握数码影院系统的结构特点和检修方法

教学要求和目标：掌握组合数码影院系统的结构特点、信号流程、工作原理和检修方法。

任务 1.1 数码家庭影院系统的整机结构和工作原理

1.1.1 数码家庭影院系统（AV）的构成

数码家庭影院是处理音频视频信号的数码影音设备，又称 AV 功放，它以处理音频信号为主，也对视频信号进行处理。它是由输入信号切换电路、数字信号处理（含系统及控制电路）和音频多声道功放电路三个主要部分构成的，如图 1-1 所示。

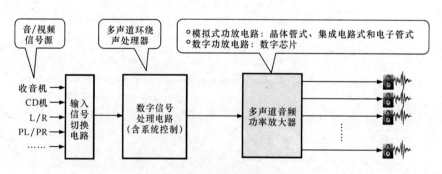

图 1-1 数码家庭影院的结构

其中，多声道音频功放作为该类数码产品中处理音频信号的重要电路，根据其构成部件的不同，可将其分为模拟功放和数字功放两大类。模拟音频功放电路主要是指由晶体管、集成电路或电子管等构成的音频信号功率放大器；数字功放则指进行功率放大的器件，由数字芯片构成，它将模拟音频信号变成数字信号进行功率放大，放大后再变成模拟信号去驱动扬声器。

第4单元 数码家庭影院系统（AV）的结构特点和维修技能

另外，在 AV 功放中，模拟式的音频功放电路中采用晶体管和集成电路较多；由电子管构成的音频功放通常制作为独立的功放设备称为音频功放机，当然晶体管和集成电路式的也可构成独立的音频功放机使用。

【知识扩展】

在学习过程中，读者应区分音频功率放大器（简称）和音频功放机的概念，通常，音频功率放大器多是电子产品中的一个电路模块，很多影音产品中都设有各种各样的模块；而音频功放机则是将功率放大的部分独立出来制作为一个单独的电子产品。

家庭影院设备中主要是处理音频（Audio）和视频（Video）信号的电路，因而这种设备又称为 AV 处理器或 AV 功放。AV 功放是处理音频/视频信号的数码产品，AV 功放的后面板上设置了很多音频和视频信号的输入端口，组合音响、数字卫星接收机、数码影碟机（VCD/DVD/EVD/蓝光等）、摄像机、录放像机等都可将音频信号和视频信号送到 AV 功放的输入电路中，在 AV 功放内部进行切换。如图 1-2 所示为其整机信号流程图。

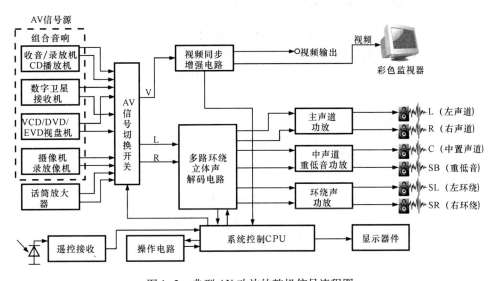

图 1-2 典型 AV 功放的整机信号流程图

由图 1-2 可以看到，AV 功放机的主要功能主要可分成三个：一是完成对众多视频、音频输入信号的选择作用，对同一套信号源的输入音频和视频信号进行同步切换，不能发生失步或时间延迟等现象；二是完成对编码的声音信号进行解码，对声音信号进行 DSP 处理，完成数字声场模式的变换，这是一项十分重要和复杂的信号处理过程，通过利用大规模集成电路和微处理器来完成复杂的处理和控制任务；三是完成对解码输出的多声道信号分别进行功率放大，去推动各路扬声器（音箱）系统，最后可重放出具有环绕声的声场效果。

另外，AV 功放需要通过操作按键输入人工指令，并由输入选择 AV 信号切换开关，使电源电路、控制电路、接口电路及选择电路、数字音频信号处理电路、遥控发射器电路、液晶显示驱动电路等进行工作，完成各种信息处理，使功放正常工作。

【知识扩展】

值得注意的是，不同类型的功放机内部结构有所区别，那么实现其功能的电路细节、芯片型号等都有不同，但其最基本的工作原理大体是一致的，只是增加一些扩展的功能电路，例如，有些 AV 功放本身带有调频/调幅（FM/AM）收音电路和话筒信号放大器，在这种情况下，只要将天线接到 AV 功放的天线端口上就能接收和放大广播的节目，将话筒插到 AV 功放机上就能参与卡拉 OK 演唱。

1.1.2 典型 AV 功放的电路结构和信号流程

一台 AV 功放中，最基本的电路单元主要包括电源电路、控制电路、数字音频信号处理电路、音频控制电路、遥控发射器电路、液晶显示驱动电路和一些其他电路等。

下面我们以典型 AV 功放机（雅马哈王妃级 AV 功放 RX—V750 型）中的实际电路为例，详细介绍其电路原理和分析过程。

1. 数字音频信号处理电路的结构和信号流程

如图 1-3 所示为该 AV 功放中的数字音频信号处理电路。由图可知，该电路主要是由数字音频接口电路 IC2（LC89057W）、数字信号处理器（主解码芯片）IC5（YSS948）、数字信号处理芯片 IC7（YSS930）、切换电路 IC14（74VHC157MTCX）、D/A 转换器 IC15（AK4832A）、编码器 IC16（AK4628）及 1M 存储器 IC6（CY62128BLL）、4M 存储器 IC8（MSM514260E）等部分构成的。

在该电路中，由数字信号输入接口输入的各种数字音频信号，首先经数字音频接口电路后，由其㉑脚输出，并分成两路：一路经数字信号处理器 IC5 的㉙脚输入，经其内部进行选择、解码及输出后由其㊴、㊵脚和㊸、㊹脚输出四路数据音频信号，再经数字信号处理芯片 IC7 处理后由其㉗脚输出一路送往切换电路 IC14，由其㉘ ~ ㉛脚输出送往后级音频编码器 IC16 中；另一路则直接送往切换电路 IC14，与来自数字信号处理芯片 IC7 的音频信号进行切换后输出，经 D/A 转换器 IC15 转换为模拟音频信号后，再经 IC17 放大，输出主声道音频信号。

同时，由数字信号处理芯片处理后输出的音频信号经编码器 IC16（AK4628）处理，输出多路模拟音频信号，这些信号经后级放大电路放大后输出中置声道、重低音、环绕声音频信号送往后级电路。

另外，来自话筒接口的话筒信号，经话筒接口、衰减器 IC18 后，再经编码器 IC16 送入数字信号处理器（主解码器）中进行处理，与来自接口输入的音频信号在 IC16 中进行选择、处理、译码后输出送往后级电路中。

2. 音频信号控制电路的结构和信号流程

如图 1-4 所示为该 AV 功放中的音频信号控制电路部分。由图可知，该电路主要是由输入信号选择开关 IC304、音量控制电路 IC301（YAC523）及 IC302（YAC520）、切换开关 IC303 及 IC305、主声道功放、环绕声功放、后环绕声功放、中声道功放，以及耳机放大器等部分构成的。

第4单元 数码家庭影院系统（AV）的结构特点和维修技能

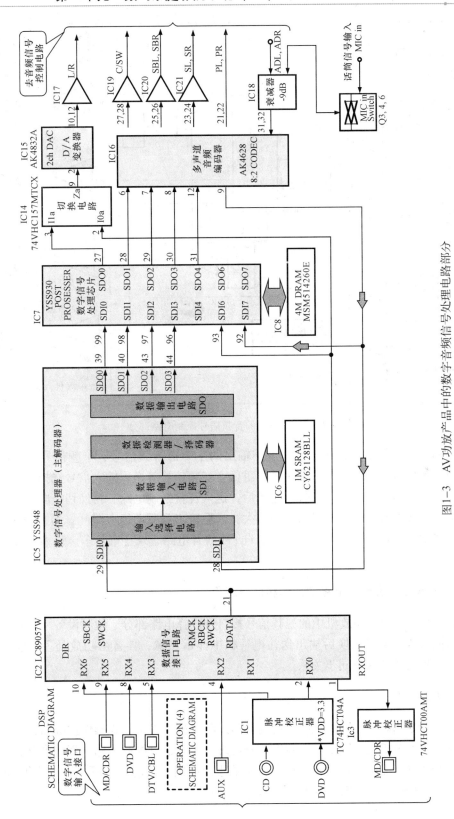

图1-3 AV功放产品中的数字音频信号处理电路部分

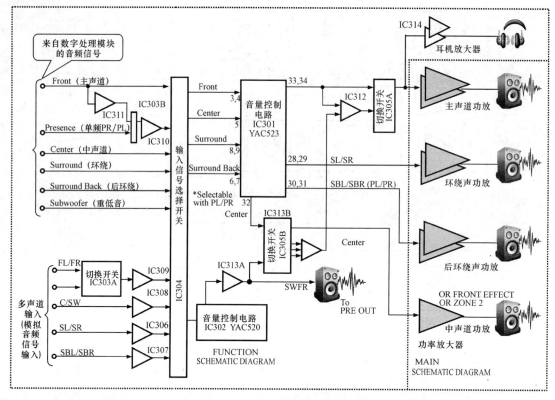

图1-4 AV功放中的音频信号控制电路部分

由图可知，来自数字音频信号处理电路输出的主声道音频信号、单频信号、中声道信号、环绕声音频信号、后环绕声音频信号、重低音音频信号等送入输入信号选择电路，与来自模拟输入接口的多声道音频信号进行选择后，送入音量控制电路，再经切换电路进行切换后，分别送往后级的各个功放中进行功率放大，最后输出到驱动扬声器（音箱）发声。

在该电路中，模拟音频信号输入端是来自FM收音电路、录音机及多声道输入接口送来的音频信号。

3. 视频信号接口及选择电路的结构和信号流程

如图1-5所示为AV功放机中的视频信号接口及选择电路部分。视频设备（录像机、影碟机）输入的视频信号经切换后输出送往电视机中显示图像，伴音由功放处理并驱动立体声音箱。声音和图像应保持同步关系。

4. 控制电路

如图1-6所示为该AV功放机中的控制电路部分。该电路是接收操作按键和遥控发射器的工作指令，然后对机内电源部分、数字信号处理、音频信号控制电路、消音电路、收音调谐器、音量选择和控制电路、频道选择电路等进行控制。同时，它还通过显示驱动芯片IC801控制多功能显示屏，显示各种信息。

第4单元 数码家庭影院系统（AV）的结构特点和维修技能

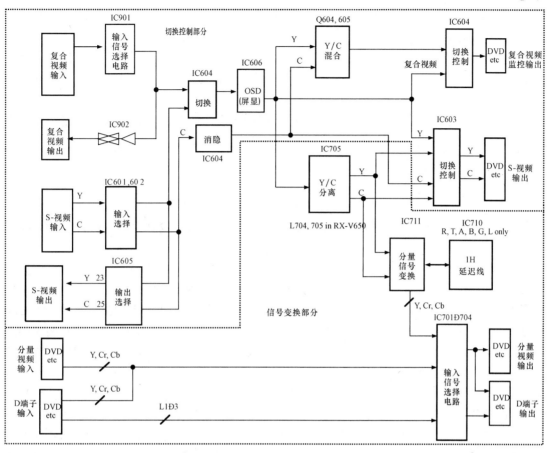

图1-5 视频信号接口和切换控制电路

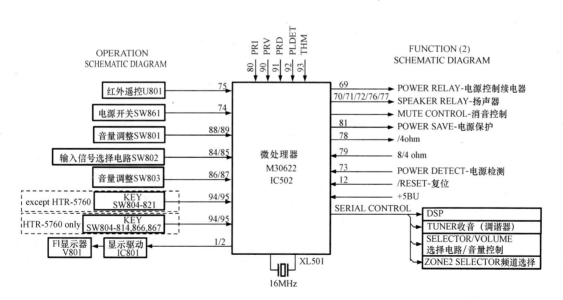

图1-6 AV功放机中的控制电路部分

由图可知，该机控制电路部分以微处理器 IC502（M30622）为核心，其⑦⑤脚为红外遥控信号接收端，⑦④脚为开机控制端，⑧⑥ ~ ⑧⑨脚为音量调整控制端，⑧④、⑧⑤脚为输入信号选择控制端，⑨④、⑨⑤脚为键控信号输入端，⑫脚为复位端，微处理器将这些引脚输入的相关指令进行识别、处理后输出相应的控制信息，如控制收音电路，输出音量控制信号，输出开机信号及消音信号等。

另外，微处理器外接 16MHz 晶体，与微处理器芯片内的振荡电路构成晶体振荡器，为其提供时钟信号，作为芯片能够正常工作的基本条件之一。

5. 遥控发射器电路

如图 1-7 所示为该 AV 功放中的遥控发射器电路部分。由图可知，该电路主要是由遥控编码微处理器 IC1、4MHz 晶体 X1、键盘矩阵电路、红外发光二极管 D2 ~ D4 等部分构成的。该发射器由四节 7 号电池供电，电压为 6V。

在该遥控发射器中，晶体 X1，电容 C3、C4 和遥控编码微处理器㊳、㊵脚组成 4MHz 的高频主振荡器，振荡器产生的信号经分频后产生 38kHz 的载频脉冲。

在键矩阵扫描电路中，微处理器的 15 个引脚组成矩阵，满足系统的控制要求。微处理器的①~⑦脚是扫描脉冲发生器的 7 个输出端，高电平有效；㊺~㊾脚是键控信号编码器的 8 个输入端，低电平有效。7 个输出端和 8 个输入端构成 7×8 键矩阵，可以有 56 个功能键位，实际上只使用了 55 个功能键位。

遥控器工作时，操作按键后，IC1 的㊶~㊾脚输出遥控指令信号，经限流电阻 R18、R34、R7 后输出去驱动红外发光二极管 D2 ~ D4，发射出红外光遥控信号。

在电路中，四节电池输出电压经稳压器 IC5 稳压后，加到遥控编码微处理器芯片 IC1 的⑩、⑳脚为其提供工作电压，另外，电池输出电压经复位电路（Q3、D5）后将复位信号加到 IC1 的㉘脚；IC5 的⑭ ~ ⑲脚输出液晶屏驱动数据信号。

任务 1.2　数码功能电路的结构和原理

1.2.1　数码功放的整机构成

在普通的电子管、晶体管和集成电路类型的功放中，大都采用模拟功率放大器，功率大、失真小、频带宽是这种功放的重要指标。很多大功率功放采用分立元件，为了减少失真，对晶体管的要求很高，挑选和调试要求也很高，批量生产的难度较大。目前开发了数字功放集成电路，使这个问题得以解决，特别是失真的问题。

下面我们以松下 DT100 数码环绕功放为例，介绍一下其电路结构和工作原理。如图 1-8 所示的是具有 5.1 声道输出的环绕数码功放的电路框图。

第4单元 数码家庭影院系统（AV）的结构特点和维修技能

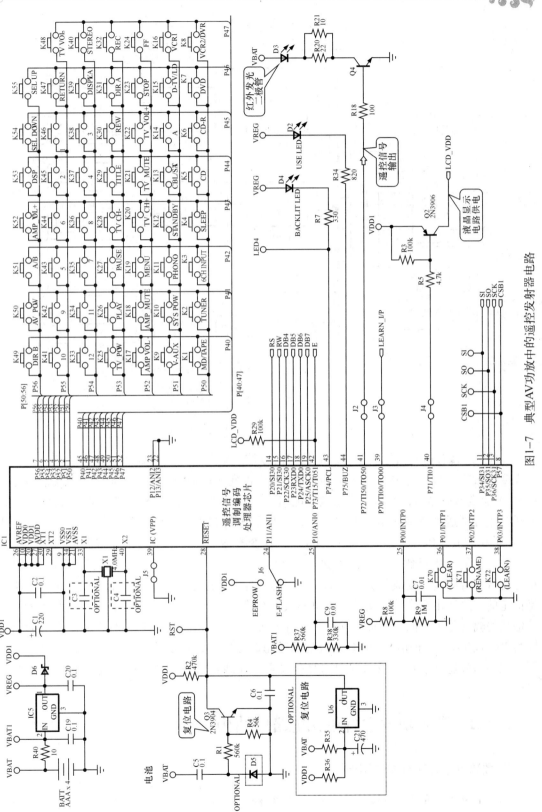

图1-7 典型AV功放中的遥控发射器电路

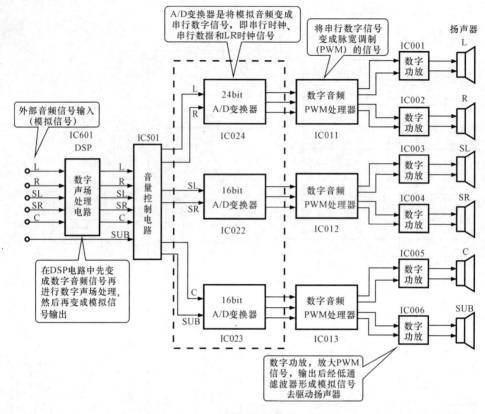

图1-8 5.1声道数码功放电路框图

IC601是具有输入信号选择功能的数字信号处理电路，它可以输入多路音频信号，在其中先变成数字信号，再进行数码声场处理，然后再变成多路环绕声数字信号，在集成电路内经D/A变换器后输出，并送到音量调整电路IC501中进行调整。多路环绕声信号经调整后，分成三组分别送到三路A/D变换器中，L/R信号送到24位（bit）A/D变换器中，C和SUB（中声道和重低音信号）送到16位（bit）A/D变换器中。A/D变换器将双路模拟信号变成串行数字信号（串行数据、串行时钟、LR分离时钟）。串行数字信号再送到PWM处理器，将串行数字音频信号变成脉宽调制的信号，即脉冲的宽度表示音频信号的幅度，脉冲的幅度是恒定的。最后由6个数字功放集成电路放大6路脉宽调制信号。由于数字功放所放大的脉冲信号的幅度是恒定的，功放的输出工作在开关状态（截止或饱和），数字功放输出的信号即为PWM信号，这种信号经RC组成的低通滤波器后，即可变成模拟信号直接去驱动扬声器。数字功放避开了在模拟功放中的交越失真和非线性失真，因而其性能很好，而且调试简化。

1.2.2 数码功放中各单元电路的结构

1. 数码音场处理电路（DSP）

如图1-9所示的是数码音场处理电路的结构，这种电路是对数字音频信号进行数字处理，用这种方法可以使音频信号具有多种音响效果，用数字仿真的方法在微处理器的控制下，

第4单元 数码家庭影院系统（AV）的结构特点和维修技能

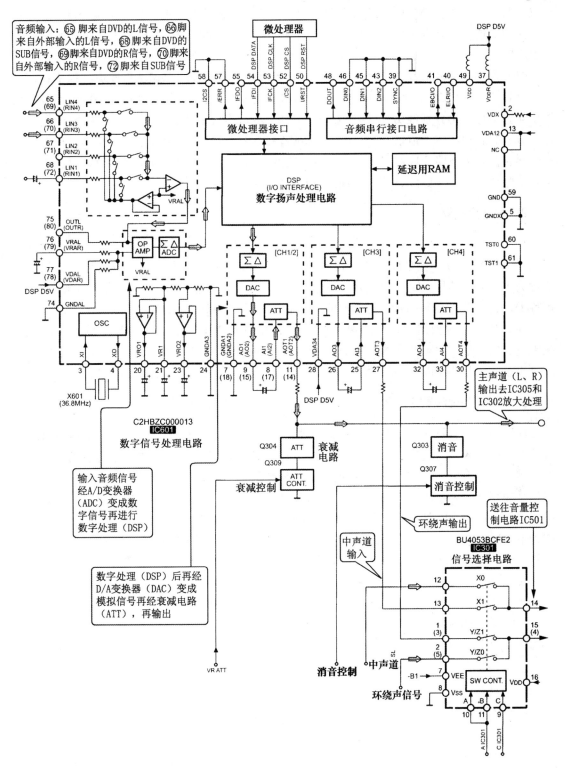

图1-9 数码音场处理电路

可以进行数码合成，增强低音的深度和范围，进行延迟和混响处理，进行均衡控制等，使输出的多声道信号具有音乐厅、体育场、歌剧院等效果（可以选择）。延迟电路采用数字存储器 RAM。

㊕~㊒脚均为模拟音频信号的输入端，内设开关切换电路，从输入中选择 2 路立体声信号，经运放（OP AMP）和 A/D 变换器（ADC）变成数字信号送入 DSP 电路中，经处理后输出 4 路信号，再分别经 D/A 变换器（DAC），然后再经衰减控制（ATT）后输出模拟信号。⑪、⑭脚输出主声道信号（L、R），㉗脚输出中声道信号，㉚脚输出环绕声信号。环绕声信号再由开关电路变成两路（SL、SR）。重低音信号单独处理，外部设备可以直接送入重低音信号（SUB），也可以利用主声道（LR）合成出重低音信号。

2. A/D 变换器

如图 1-10 所示的是 A/D 变换电路，经处理后的 6 路音频信号（5.1 声道）分成 3 组，分别经过 3 个 A/D 变换集成电路，将模拟音频信号变成数字音频信号，这种数字音频信号被称为串行数字信号。每一组是由三个信号构成，同时传输。其中 Dout 为串行数据信号，也称 Date；BCK 为串行时钟信号，LRCK 为左右（LR）分离时钟信号。

在三个 A/D 变换器中，主声道（L、R）采用 24bitA/D 变换器，主要是保证主声道的频带宽、失真小、动态范围大的特性。环绕声（SL、SR）A/D 变换器和中声道、重低音的 A/D 变换器均采用 16bit 的量化值。

3. PWM 处理和数字功放

如图 1-11 所示的是 PWM 处理电路和数字功放的电路框图，由于 A/D 变换器输出的信号不能直接与数字功放接口，因而先由 PWM 处理电路将串行数字音频信号转换成脉宽调制的信号（简称 PWM），这是为了便于进行功率放大而开发的一种新型数字处理方式，这样就把结构复杂的多路数字信号，变成了一路简单的脉冲信号，数字功放实际上是一种脉冲功率放大器。在集成电路中的输出级采用双场效应管的方式。脉冲的高电平期间，上面的场效应管道导通，下面的场效应管截止；脉冲的低电平期间，上面的场效应管截止，下面的场效应管导通。输出的脉宽调制信号经 RC 低通滤波器，即可变成模拟信号送到扬声器，功放几乎无失真。

第4单元　数码家庭影院系统（AV）的结构特点和维修技能

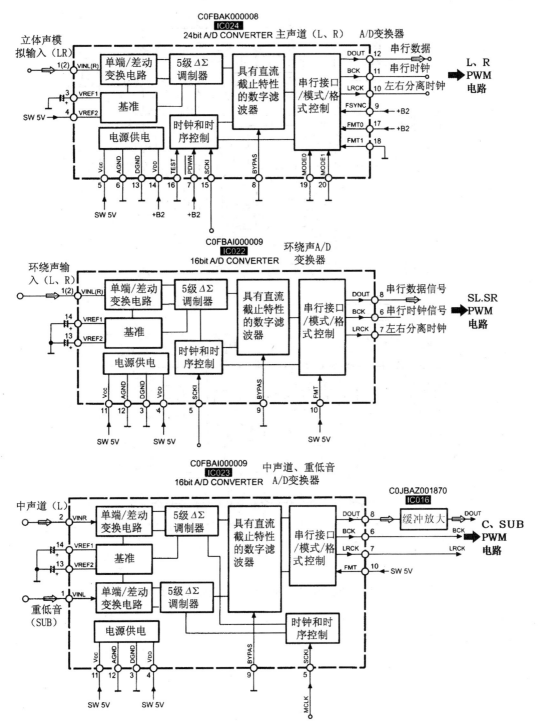

图 1-10　环绕声 A/D 变换器

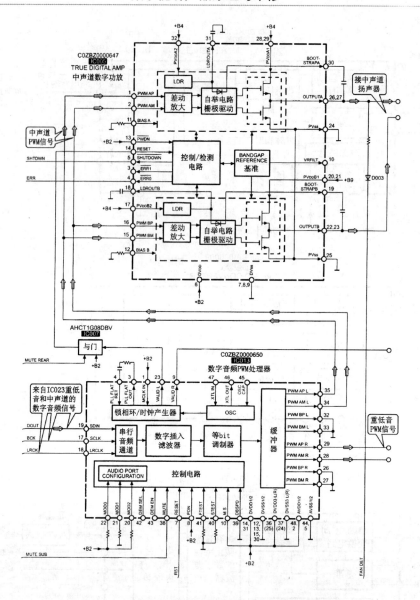

图 1-11 音频 PWM 处理电路和数字功放的电路框图

项目 2

掌握音频功放机的结构特点和故障检修方法

任务2.1 音频功放机的整机构成

2.1.1 音频功放机的操作面板和接口

音频功放的主要功能是将音源设备的信号进行功率放大后,产生足够大的电流去推动扬声器(音箱)进行声音的重放。当前,市场上流行的功放品牌和种类繁多,例如,常见的天龙(Denon)、先锋(Pioneer)、雅马哈、马兰士、索尼、三星、丽声(CAV)等,如图 2-1 所示为典型音频功放的实物外形。

图 2-1 典型音频功放机的实物外形

从外观来看,音频功放机主要是由显示屏和多个操作按键、旋钮等构成的,例如,图 2-2 所示为典型音频功放机的正面结构,它主要是由电源开关、话筒输入接口、音量调整旋钮、多功能显示屏及各种功能调整电位器(高低音、平衡等)等部分构成的。

图 2-3 所示为该典型音频功放机的背面结构,它主要是由音频输入信号输入、环绕声和中置声道输出、主声道输出及 220V 输入/输出接口几部分构成的。

2.1.2 音频功放机的内部结构

打开功放的外壳后,即可以看到其内部的结构,如图 2-4 所示。

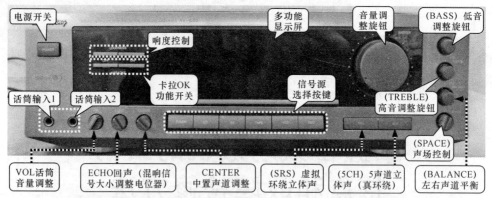

图 2-2 典型音频功放机的正面结构（Ling hangAV-600 音频功放机）

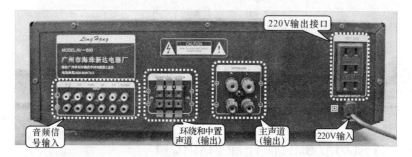

图 2-3 典型音频功放机的背面结构

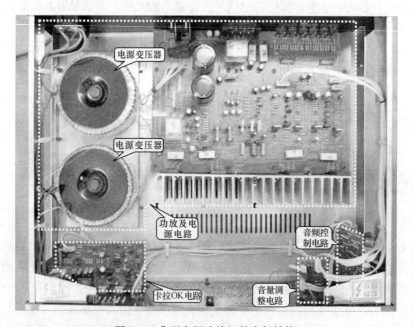

图 2-4 典型音频功放机的内部结构

由上图可知，音频功放内部主要是由功放及电源电路、音频控制电路、音量调整电路和卡拉 OK 电路等几部分构成的。

第4单元　数码家庭影院系统（AV）的结构特点和维修技能

【知识扩展】

根据功放的品牌、型号及档次的不同，其结构组成也有所区别，一些较高档次或专业功放机的内部电路结构也比较复杂，最为直接的体现是其背面接口的数量和类型，例如，图2-5所示为典型数码功放机的实物外形、背面接口及其内部电路结构图。

（a）典型数码功放的外部结构

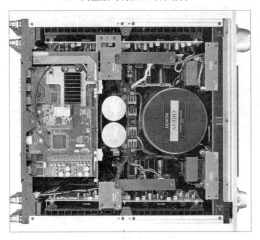

（b）典型数码功放的内部结构

图2-5　典型数码功放的外部和内部结构

任务2.2　音频功放机各单元电路结构

不同类型和品牌的功放机的内部电路结构有所不同，下面我们以典型音频功放机为例介绍其基本的结构组成。

2.2.1　功率放大器及电源电路

功放及电源电路是功放机关键的电路单元，其中功放电路主要是用于将外部送来的音频信号进行功率的放大，然后推动音箱发声；电源电路主要是为整个功放提供正常的工作电压。如图2-6所示为其功放及电源电路在功放中的功能示意图。

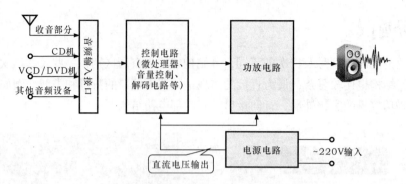

图 2-6　功放及电源电路在功放中的功能示意图

例如，图 2-7 所示为典型音频功放中功放及电源电路的实物外形，从图中我们可以看出其主要的构成部件。

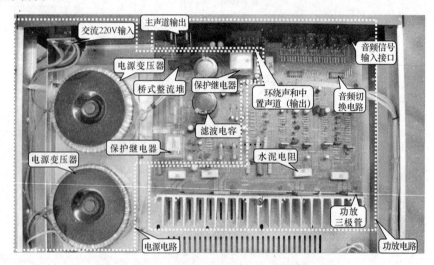

图 2-7　功放机中功放及电源电路的实物外形

1）功放电路

在功放产品中，功放是用于放大各种音频信号的电路。在图 2-7 所示的功放机中，该部分主要是由输入接口、输出接口、音频切换电路和 4 个功放三极管等构成的。

（1）输入接口

输入接口主要是用来输入来自各种影音设备的音频信号，如图 2-8 所示为典型输入接口的实物外形。

（2）输出接口

输出接口部分主要是将功放电路放大的音频信号输出，去驱动扬声器（音箱）发声。如图 2-9 所示为典型输出接口的实物外形。

（3）音频切换电路（HCF4051BE）

音频切换电路主要用于对多种音频输入信号进行选择和切换，如图 2-10 所示为该电路中音频切换电路的实物外形及其内部结构框图。

第4单元 数码家庭影院系统（AV）的结构特点和维修技能

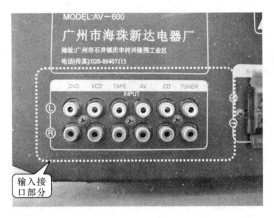

图 2-8 典型输入接口的实物外形

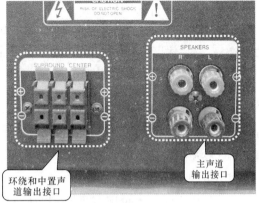

图 2-9 典型输出接口的实物外形

(a) 音频切换电路的实物外形

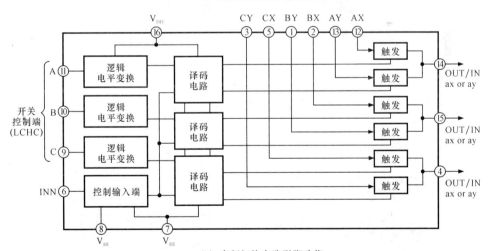

(b) 音频切换电路引脚功能

图 2-10 音频切换电路的实物外形及其内部结构

由其内部结构框图可知，该芯片的⑨~⑪脚为控制端，①、②、③、⑤、⑫、⑬脚为信号输入端，④、⑭、⑮脚为切换后的信号输出端。其中，⑨~⑪脚控制④、⑮、⑭脚处输出 ax 信号或是 ay 信号。例如，当⑪脚为高电平时，控制⑭脚选择⑫脚的 ax 信号输出；当⑪脚为低电平时，控制⑭脚输出⑬脚送来的 ay 信号。

(4)功放三极管(2SA1943)

功放三极管是关键的功率放大器件,它通常安装在散热片上,主要是将输入的音频信号进行功率放大,然后输出放大后的音频信号,通过输出接口后去驱动扬声器发声,如图2-11所示为功放三极管的实物外形及其引脚功能。

2)电源电路

电源电路板是将220V的交流电压进行降压、整流后转换成不同的直流电压,为其他各电路提供工作条件,保证整个功放的正常运行。由图2-7可知,该部分主要是由电源变压器、桥式整流堆、滤波电容和继电器等元器件构成的。

(1)电源变压器

电源变压器是用来将输入的交流电压进行降压的器件,该机采用了两个结构相同的变压器,以满足功率的要求。如图2-12所示为典型功放中电源变压器的实物外形。

图2-11 功放三极管的实物外形及其引脚功能

图2-12 典型功放中电源变压器的实物外形

【知识扩展】

电源变压器的种类很多,外形各异,但基本结构大体一致,主要由铁芯、线圈、线框、固定零件和屏蔽层构成。如图2-13所示,常见的变压器实物外形主要有环型铁芯变压器和E型铁芯变压器,目前在功放中,多采用环型铁芯的电源变压器。

(a) 环型铁芯变压器

(b) E型铁芯变压器

图2-13 环型铁芯变压器和E型铁芯变压器的实物外形

(2)桥式整流堆

桥式整流堆的主要功能是将交流电压整流为直流电压,即220V经降压后的交流低压送入桥式整流堆的输入端,经整流后由其输出端输出直流电压。如图2-14所示为典型桥式整流堆的实物外形。

(3)滤波电容

滤波电容主要是用于对直流电压进行平滑滤波,它是电源电路板中较大的电容器,如图2-15所示为典型滤波电容的实物外形及电路符号。

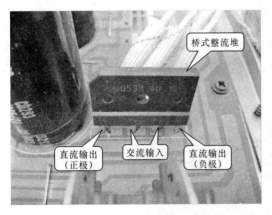

图2-14 典型桥式整流堆的实物外形

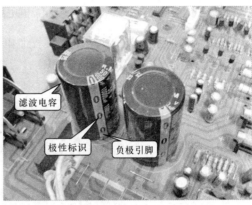

图2-15 典型滤波电容的实物外形及电路符号

从上图可以看出,该电容器上标有正、负极性,即电容器外壳上标有"－"的引脚为负极引脚,标有"＋"的引脚为正极引脚,从而可以判断此电容器是一种电解电容器。

(4)继电器

继电器是一种电子控制器件,在电路中起着安全保护、电路转换等作用,具有动作快、工作稳定、使用寿命长等优点,如图2-16所示为电源电路中继电器的实物外形及内部结构图。

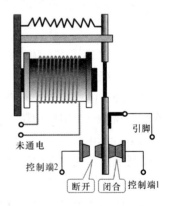

图2-16 电源电路中继电器的实物外形及内部结构

2.2.2 音频控制电路

音频控制电路主要是用来控制音频信号的高/低音及左右声道平衡等,如图2-17所示为音频控制电路在功放中的功能示意图。

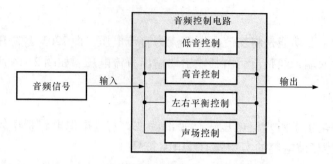

图 2-17　音频控制电路在功放中的功能示意图

如图 2-18 所示为典型功放中音频控制电路板的实物外形，由图可知，该部分主要由虚拟三维环绕声音频处理器（NJM2178L）、音频切换电路（HCF4053BE）和音频控制电位器等构成。

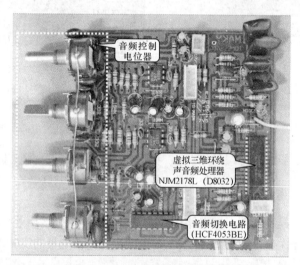

图 2-18　典型功放中音频控制电路板的实物外形

（1）虚拟三维环绕声音频处理器 NJM2178L（D8032）

虚拟三维环绕声音频处理器是一种能够将双声道的音频信号进行虚拟三维处理后，使之产生多声道环绕立体声感觉的器件，如图 2-19（a）所示为典型功放机中虚拟三维环绕声音频处理器的实物外形及引脚功能，图 2-19（b）所示为其内部结构图。

（2）音频控制电位器

音频控制电位器在功放中主要是用来控制所输出声音信号的高/低音及左右声道平衡的器件，如图 2-20 所示为典型功放电路中的音频控制电位器部分。

另外，在该电路中包含一个音频切换电路（HCF4053BE），其内部结构及功能与前述的音频切换电路（HCF4051BE）完全相同，这里不再重复。

2.2.3　音量调整电路

音量调整电路主要是用来调整输出音频信号中音量的大小，如图 2-21 所示为音量调整电路的功能示意图。

第4单元 数码家庭影院系统（AV）的结构特点和维修技能

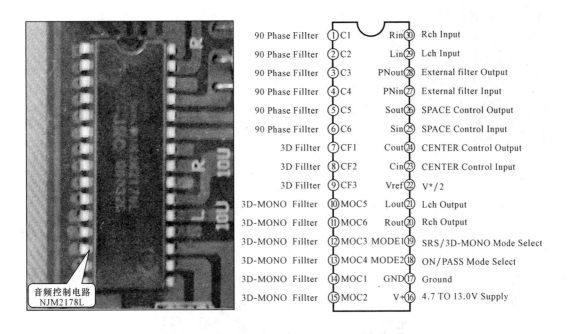

(a) 虚拟三维环绕声音频处理器的实物外形及引脚功能

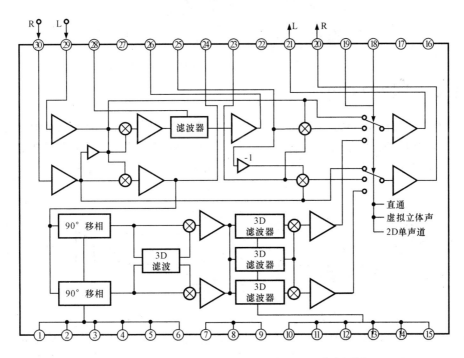

(b) 虚拟三维环绕声音频处理器NJM2178L的内部结构

图2-19 典型功放中音频控制电路的实物外形及其内部结构

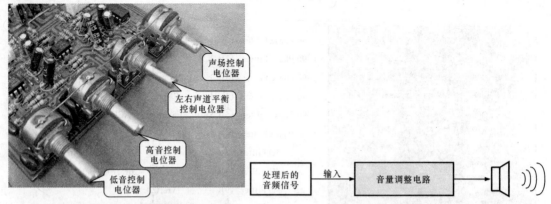

图 2-20　典型功放机电路中的音频控制电位器部分　　图 2-21　音量调整电路的功能示意图

如图 2-22 所示为典型功放电路中的音量调整电路实物外形，由图可知，该电路主要是由音量调整电位器和音频切换电路（HCF4053BE）构成的。

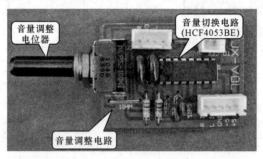

图 2-22　典型功放电路中的音量调整电路实物外形

2.2.4　卡拉 OK 电路

卡拉 OK 电路的功能是将由话筒接口输入的音频信号在回声信号产生电路中进行放大和混响处理，混响后的音频信号经两路双运算放大器后与激光头读取的音频信息相混合，然后由音频输出接口送入扬声器，如图 2-23 所示为该电路部分的功能示意图。

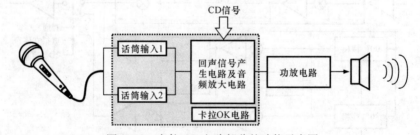

图 2-23　卡拉 OK 电路部分的功能示意图

如图 2-24 所示为典型功放中的卡拉 OK 电路板实物外形。由图可知，该电路主要是由回声信号产生电路（ES56033E）、音频放大器（双运算放大器）、调整电位器及话筒结构等部分构成的。

（1）回声信号产生电路（ES56033E）

回声信号产生电路主要是用来进行放大输入的音频信号和进行混响处理的电路，如图 2-25 所示为典型回声信号产生电路的实物外形及引脚功能。

第 4 单元 数码家庭影院系统（AV）的结构特点和维修技能

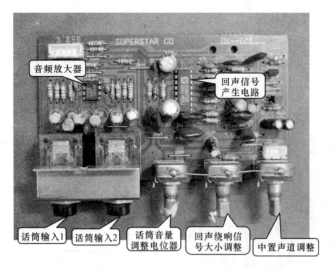

图 2-24 典型功放中的卡拉 OK 电路板实物外形

(a) 回声信号产生电路（ES56033E）的实物外形

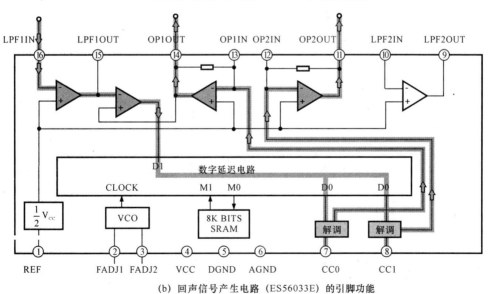

(b) 回声信号产生电路（ES56033E）的引脚功能

图 2-25 回声信号产生电路（ES56033E）的实物外形及引脚功能

· 203 ·

(2) 音频放大器 (BC4558)

在卡拉OK电路中有两个音频放大器，它是由集成运算放大器构成的。该放大器主要是放大由回声信号产生电路送来的混响后的音频信号，如图2-26所示为音频放大器的实物外形及引脚功能。

(a) 音频放大器 (BC4558) 的实物外形

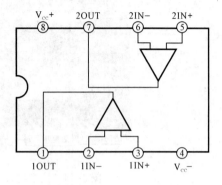

(b) 音频放大器 (BC4558) 的引脚功能

图2-25　音频放大器 (BC4558) 的实物外形及引脚功能

项目 3

多声道功放设备的检修技能实训

教学要求和目标：了解多声道功放机各组成电路的故障特点和故障类型，初步掌握功放设备产生故障的原因及易发生故障的部位，能够针对不同故障现象准确分析故障原因。

通过对实际样机的维修实训演练，掌握多声道音频功放设备的检测方法。

任务3.1　了解音频功放设备的检修思路

3.1.1　多声道功放设备的故障特点和常见故障表现

在家庭影院系统中，为达到更好的音质效果，通常可将VCD、DVD或其他数码影音设备输出的音频信号送往功放机中，这些信号在功放中要经多路功率放大器放大后去驱动多个音箱。

由于功放的主要功能就是起到对音频信号进行放大的作用，因此，其故障产生点多集中于音频信号处理中，主要表现为无声音输出、声音质量差、出现噪波、杂音、音量过高或过低、无重低音、无环绕声、音量不可调节、无指示灯或前置话筒不可使用等故障现象。

功放中内部各不同电路出现故障后，其产生的故障现象均不同，读者在对故障进行维修之前，应首先对功放中的各电路功能、工作原理及信号流程进行初步的了解，掌握主要器件损坏后产生的故障影响，下面我们将分别介绍功放机电路中各电路出现故障后所产生的故障现象。

1. 电源及功放电路

电源及功放电路是功放机中最主要的电路。其中，电源电路是整个功放的动力来源，当该电路出现故障时，通常会导致整个功放无法正常工作，或不能工作，如各部件不能正常工作、自动停机、自动断电等。操作显示电路不正常会出现操作失灵、显示不良等故障。功放电路的主要功能是对输入到功放机中的音频信号进行放大，当该电路出现故障，通常会导致功放机无声音输出、某一路输出线路无声音、输出音量过低或噪声大等。

2. 音频控制信号电路

该电路主要是对输入到功放内部的音频信号的音质、音效进行处理及控制，当该电路出现故障时，用户将无法实现环绕声、重低音、3D立体声等相关操作的设置和调整。

3. 音量调节电路

音量调节电路就是对功放输出的音量大小进行调节，当该电路出现故障时，通常无法实现音量的大小变化或音量始终保持在同一状态。

4. 卡拉OK电路

当用户将话筒插入数字功放的卡拉OK接口中，用户向话筒发出声音后，用户的声音则作为信号源，该信号经话筒及卡拉OK接口送入卡拉OK电路中，经混响处理后再与光盘播放的音乐信号合成送往功放电路处理后输出。当该电路出现故障时，将直接导致用户使用话筒时，无声音输出。

5. 操作显示电路

操作显示电路的故障主要表现为按键失灵、显示屏无显示等。此故障主要是由按键本身或显示屏本身故障引起的，也可能是微处理器电路不良、引脚虚焊、元器件损坏、引线连接松动等。

3.1.2 多声道功放设备的故障检修流程

在对功放进行检测前，应首先对故障有初步的了解，通过相关故障现象，确定故障的产生位置，不要盲目地进行拆机检测。在确定故障方位后，需对相关电路的信号流程及工作原理进行了解，掌握主要器件的检测方法，通过对主要器件的逐一检测，找到故障产生点，检修更换后，从而排除故障，如图3-1所示为功放的故障检修。

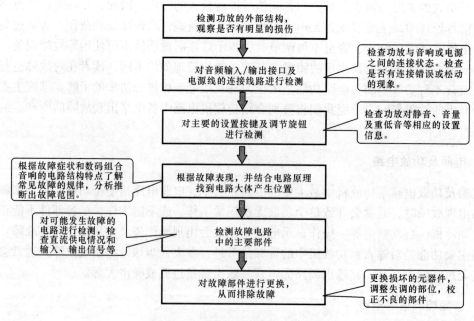

图3-1 功放设备的故障检修程序

1. 外观及结构检查

用目测法和相关的检测工具进行外观及结构的检查，主要查看外观是否有损坏、变形、金属零件被锈蚀等情况，以及操作键的操作是否灵敏等。

2. 线路检查

按照产品的使用说明对功放机的外部连接线路进行检查，查看是否是因为线路连接错误、电源线连接松动，导致功放无声音输出。

3. 设置检查

当用户误执行静音操作，或将音量、音质进行相应调整操作后，会使音量过低，从而出现音响无声音输出的现象。

4. 元器件的检查

打开功放机，查看内部的元器件是否有损坏，使用相关工具对损坏部位的元器件进行检测。主要包括电压测量、电流测量、各种信号及其频率测量、输出信号波形的检测等。

5. 维修检测

在确定故障部位后，通常可用相同型号的器件对其故障器件进行更换，更换后，可试开机，对整机进行检测。

任务3.2 多声道功放检修技能的实训演练

多声道功放检修技能的实训需要搭建实训环境，根据实训的人数和实训方式，配备实训台。

实训设备主要是功放样机和相应配件，其中包括样机电路图或元器件装配图。

实训检测仪表主要是示波器、万用表和信号发生器。

3.2.1 电源及功放电路的检修实训

电源电路是为功放机内部的各单元电路及元器件提供能源的电路，当该电路出现故障时，通常导致功放机无法正常开机；功放电路主要是将接口输入的音频信号进行放大处理，放大后的音频信号从其输出接口送往音箱，实现对音响的驱动，功放电路出现故障时，通常会导致与功放相连的音箱无声音输出。

在 LingHang AV-600 功放中，其电源及功放电路被设计在同一块电路板中。对于该电路的检测，维修人员应首先观测故障现象，找到故障具体产生的部位，如图3-2所示为电源及功放电路的基本检修流程。

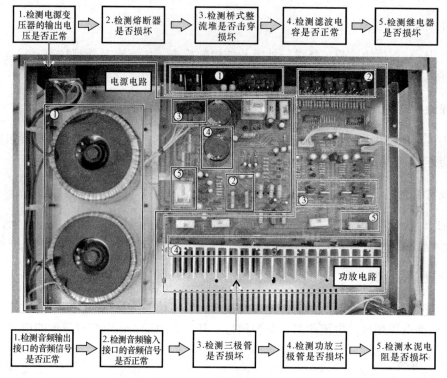

图 3-2　电源及功放电路的基本检修流程

1. 电源电路的检查方法

当电源电路出现故障时,首先应观察开关电源电路的主要元器件是否有脱焊、烧焦及插口松动等现象,如保险管烧焦断裂、电解电容鼓包漏液、元器件引脚脱落等。若出现这种故障,将损坏的元件更换即可排除故障。若没有发现这些明显的故障现象,可利用检测法或替换法对电源电路的元器件进行逐一排查。

(1) 电源变压器的检修方法

在功放机的电源电路中,电源变压器的外向结构比较特殊,其主要功能是将输入的交流 220V 电压进行降压操作,当该器件出现故障时,通常会导致整个功放机无供电,整机无法正常工作。

在对电源变压器进行检测时,通常可对其输入/输出的电压进行检测,当输入电压正常,而无输出电压时,可判定该变压器已损坏。

【实训演练】

电源变压器的具体检修方法如图 3-3 所示。

(2) 桥式整流堆的检测方法

桥式整流堆的功能是将由电源变压器输出的交流 32V 电压整流出 +44V 左右的直流电压,所以当输出的直流电压不正常时,可对桥式整流堆进行检测。

第4单元 数码家庭影院系统（AV）的结构特点和维修技能

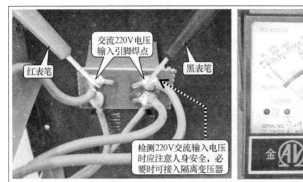

（a）检测电源变压器输入交流电压，实测为交流220V，正常

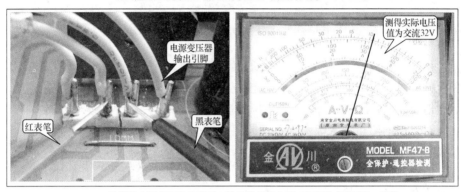

（b）检测经电源变压器处理后，输出的交流电压，实测为交流32V，正常

图 3-3 电源变压器的具体检修方法

【实训演练】

检测桥式整流堆一共有4个引脚，首先在通电的情况下，检测桥式整流堆的交流输入端电压和直流输出电压值。若测得桥式整流堆的电压均正常，表明桥式整流堆正常，其具体检测方法及测量数值如图3-4所示。

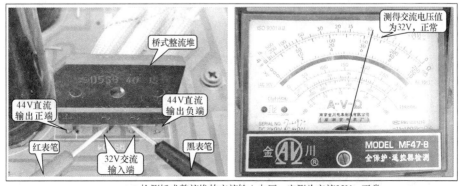

（a）检测桥式整流堆的交流输入电压，实测为交流32V，正常

图 3-4 桥式整流堆的检修方法

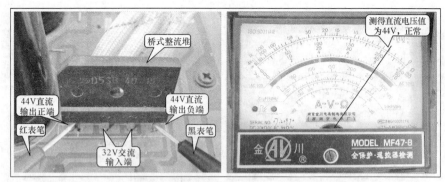

(b）检测桥式整流堆的直流输出电压，实测为直流44V，正常

图 3-4　桥式整流堆的检修方法（续）

【技能扩展】

除上述检测方法外，判断桥式整流堆的好坏还可在断电情况下，通过检测其电阻的方法进行判断。检测时，将万用表一只表笔接任意的直流输出端，另一只表笔接任意的交流输入端，然后再对调表笔，根据桥式整流堆的内部结构原理可知，此时相当于接在一只二极管的两端，正常时，反向阻抗应为无穷大，正向阻抗较小，约为 5kΩ。

（3）滤波电容的检测方法

检测电源电路的滤波电容是否输入正常，通常可在不通电的情况下，利用万用表检测电容两端的电阻值，来判别其性能的好坏。由于该电路采用大容量的滤波电容，其容量为 10000μF。因此，为了避免电解电容中存有残留电荷而影响检测的结果，在检测前，要对待测电解电容进行放电。

【实训演练】

滤波电容的具体检测方法，如图 3-5 所示。

在正常情况下，在刚接通的瞬间，万用表的指针会向右（电阻小的方向）摆动一个较大的角度。当表针摆动到最大角度后，接着表针又会逐渐向左摆回，直至表针停止在一个固定位置，这说明该电解电容有明显的充放电过程。所测得的阻值即为该电解电容的正向电阻，该阻值在正常情况下应比较大。

(a）对滤波电容进行放电操作

图 3-5　滤波电容的具体检测方法

第4单元 数码家庭影院系统（AV）的结构特点和维修技能

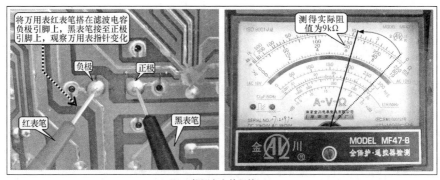

(b) 检测电容的阻值

图 3-5 滤波电容的具体检测方法（续）

（4）保护继电器的检测方法

在电源电路中，保护继电器主要是起到过压或过流保护的作用，当电路中的电压或电流过大时，继电器会自动断开，对扬声器进行保护。当该器件出现故障时，将导致继电器控制端一直处于断开无法闭合的状态，因而导致整个功放机无输出。

【实训演练】

在对继电器进行检测时，通常是通过检测其引脚的阻值来对其好坏进行判断，为确保其检测结果的准确性，通常需先将待测继电器从电路板上焊下后，再进行阻值的检测，如图3-6所示为继电器的具体检测方法。

(a) 在对继电器进行检测之前，应首先识别闭合控制端与断开控制端，区分其各引脚

(b) 检测常闭触点处的阻值，测得的电阻值为0Ω，正常，若阻值为无穷大，则可能是内部触点接触不良

图 3-6 保护继电器的具体检测方法

· 211 ·

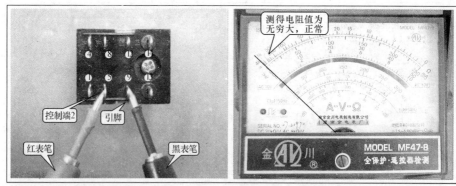

(c) 检测常开触点处的阻值，测得的电阻值为无穷大，正常，若阻值趋于零，则可能是触点短路

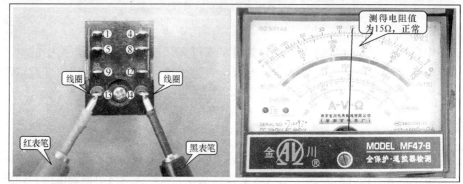

(d) 检测线圈的好坏，在正常的情况下可测得一定的阻值，若出现无穷大的情况，则说明线圈损坏

图 3-6 保护继电器的具体检测方法（续）

2. 功放电路的检查方法

功放电路是整个功放机中最重要的电路之一，其主要功能是将输入的音频信号进行放大处理，实现对音箱的驱动。当该电路出现故障时，将导致功放无声音输出。

在对该电路进行检测时，通常可首先对输入/输出的音频信号进行检测，若输入信号正常，而无输出信号时，表明该电路出现故障，此时，可根据功放电路的信号流程，重点检测电路中主要元器件是否损坏。

（1）输入/输出接口的检修方法

要想判断是否是由功放电路损坏而造成的故障，可以首先检测音频信号输入/输出端的音频信号是否正常。检测时，将示波器的接地夹接地端，用探头分别接触功放机的音频信号输入接口及音频输出接口，可以检测到音频信号的波形。

【实训演练】

输入/输出接口的具体检修方法如图 3-7 所示。

若测得的音频信号输入正常，而输出信号不正常，则表明该电路出现故障，需继续对电路中的主要器件进行检测。

（2）激励三极管的检测方法

在功放电路中设有多个不同类型的三极管，其主要功能就是对音频信号进行放大，当其

第 4 单元　数码家庭影院系统（AV）的结构特点和维修技能

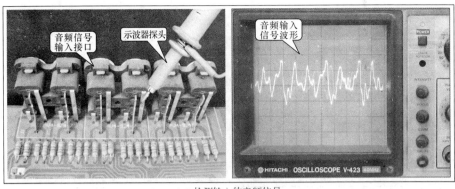

（a）检测输入的音频信号

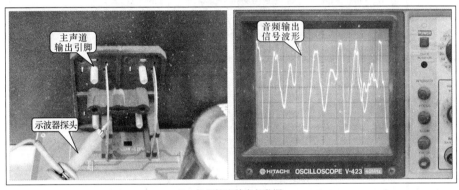

（b）检测输出的音频信号

图 3-7　输入/输出接口的具体检修方法

中任意三极管出现故障，通常会导致音频信号无出处或声音质量差的故障现象。

对于三极管的具体检测方法，通常可通过检测其各引脚的阻值来进行判断，下面我们以 2SC2073 型激励三极管为例来讲解三极管的具体检测方法。

【实训演练】

如图 3-8 所示为激励三极管的具体检测方法。

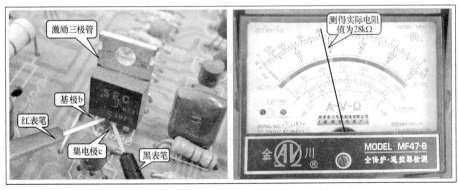

（a）检测激励三极管基极与集电极之间的阻值，实测为 28kΩ

图 3-8　激励三极管的具体检测方法

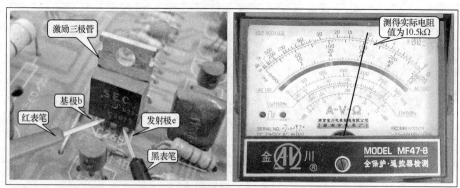

（b）检测激励三极管基极与发射极之间的阻值，实测为10.5kΩ

图 3-8　激励三极管的具体检测方法（续）

激励三极管 2SC2073 各引脚之间的阻值见表 3-1。

表 3-1　激励三极管 2SC2073 各引脚阻值对照表

红表笔＼黑表笔	e 极	c 极	b 极
e 极	—	4kΩ	10.5kΩ
c 极	55kΩ	—	28kΩ
b 极	4.5kΩ	4.5kΩ	—

（3）功放三极管的检测方法

功放三极管主要是对音频信号进行放大，在对该器件进行检测时，可通过检测其音频输入/输出的引脚信号波形进行判断，若输入信号正常，而无输出信号时，可判定该芯片已损坏。

在 LingHang AV-600 功放机中，其采用 2SC5200 和 2SA1943 两种大功率放大晶体管构成互补推挽放大电路，如图 3-9 所示为其实物与电路的对照关系图，其中两个晶体管的基极为音频信号输入端，发射极为音频信号输出端，在对功放三极管进行检测时，可重点检测这两个引脚的音频信号波形。

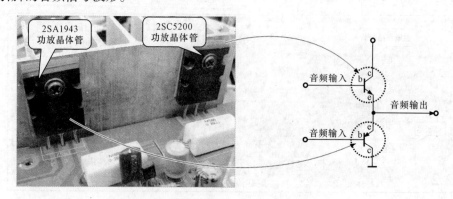

图 3-9　功放三极管与电路的对照关系图

第4单元　数码家庭影院系统（AV）的结构特点和维修技能

【实训演练】

如图3-10所示为功放三极管2SA1943的具体检测方法。

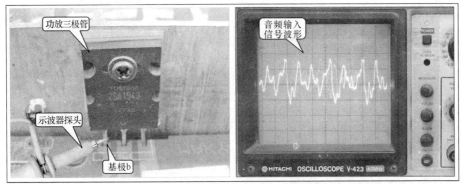

（a）检测功放三极管2SA1943基极输入的音频信号波形

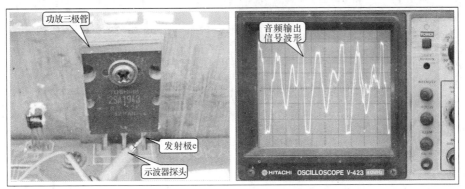

（b）检测功放三极管2SA1943发射极输出的音频信号波形

图3-10　功放三极管2SA1943的具体检测方法

（4）水泥电阻的检测方法

在功放电路中设有多个水泥电阻，在电路中起限流作用。若其出现故障，会使功放电路不能工作。

【实训演练】

在对水泥电阻进行检测时，首先，需观察待测电阻器的数字标识，根据数字标识可以识读出该电阻器的阻值。之后，使用万用表检测其电阻值。若阻值与标称值相接近，表明该水泥电阻无故障；若偏差较大，怀疑其损害，需更换。如图3-11所示为水泥电阻的具体检测方法。

3.2.2　音频处理和控制电路的检修实训

音频控制电路主要是实现对左右声道及高/低音的控制，当该电路出现故障时，用户将无法通过操作其前置的旋钮，来实现对声音效果的控制。

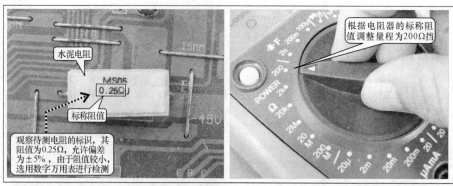

(a)根据电阻器标称值,选择万用表量程为200Ω

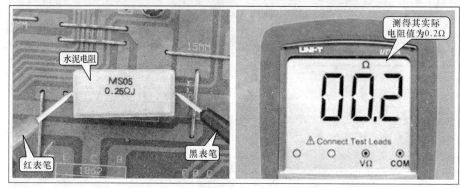

(b)检测水泥电阻的正向阻值,实测为直流0.2Ω,正常

图3-11 水泥电阻的具体检测方法

下面仍以 LingHang AV-600 功放为例介绍该电路部分的检修方法。该机中构成该电路的主要是虚拟三维环绕声处理器 NJW8178L、音频切换电路 HCF4053BE 及电位器等,当怀疑音频控制电路出现故障后,可重点对以上三个部件进行检测。

1. 虚拟三维环绕声处理器 NJW8178L 的检修方法

根据前面章节对虚拟三维环绕声处理器 NJW8178L 的电路分析,我们可知,该芯片⑯脚为+5V 电源供电端;㉙、㉚脚为音频信号输入端;㉑、㉒脚为音频信号输出端。

在对该电路进行检测时,可首先对其供电及输入/输出信号进行检测,若供电及输入信号均正常,而无输出信号时,表明该电路已损坏,需更换。

【实训演练】

虚拟三维环绕声处理器 NJW8178L 的具体检测方法如图 3-12 所示。

2. 音频切换电路 HCF4053BE 的检测方法

音频切换电路 HCF4053BE 的主要功能是实现对输入到功放机中的不同音频信号的切换,当该电路出现故障时,通常会导致功放电路只能输出一路音频信号,无法实现音频的切换功能。

根据前面章节的介绍,我们可知音频切换电路 HCF4053BE 的⑨~⑪脚为开关控制端,根据其接收电平信号的高低,来实现不同音频信号的切换输出。

第4单元　数码家庭影院系统（AV）的结构特点和维修技能

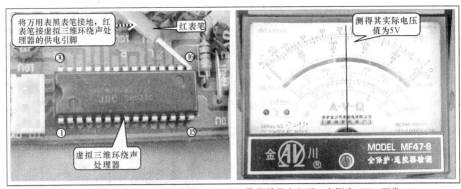

（a）检测虚拟三维环绕声处理器NJW8178L⑯脚的供电电压，实测为+5V，正常

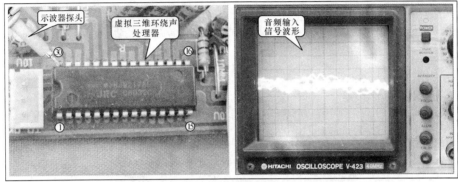

（b）检测虚拟三维环绕声处理器NJW8178L㉚脚输入的音频信号波形

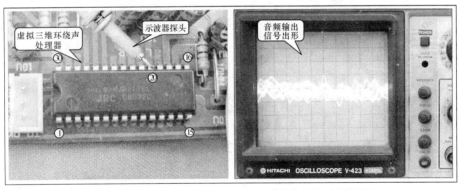

（c）检测虚拟三维环绕声处理器NJW8178L⑳脚输出的音频信号波形

图 3-12　虚拟三维环绕声处理器 NJW8178L 的具体检测方法

该芯片可同时输出 3 路不同的音频信号，下面我们仅以由⑪脚开关控制端控制的音频切换线路为例，来详细讲解该电路的具体检测方法。根据电路分析，当⑪脚为高电平时，其⑭脚输出⑫脚送来的音频信号；若⑪脚为低电平时，其⑭脚输出⑬脚送来的音频信号。检测时，可对以上各引脚的信号波形进行重点检测。

【实训演练】

音频切换电路 HCF4053BE 的具体检测方法如图 3-13 所示。

经检测发现，当音频切换电路 HCF4053BE⑪脚为高电平时，其⑭脚输出⑫脚输入的音

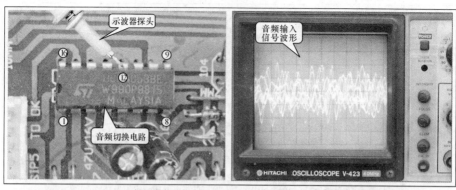

（a）检测音频切换电路HCF4053BE⑫脚输入的音频信号波形

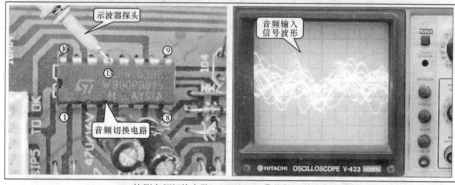

（b）检测音频切换电路HCF4053BE⑬脚输入的音频信号波形

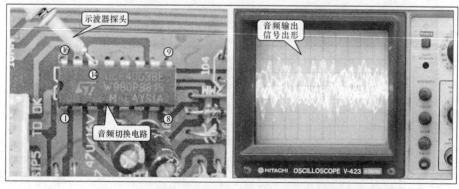

（c）检测音频切换电路HCF4053BE⑭脚输出的音频信号波形

图3-13　音频切换电路HCF4053BE的具体检测方法

频信号，表明该电路正常。当该电路无信号输出或输出波形不正常时，表明音频切换电路HCF4053BE存在故障，需要更换。

3. 调整旋钮（双联电位器）的检测方法

在音频控制电路板中，设有很多调整旋钮，用以旋动电路板上的电位器，其可对功放输出的高/低音、左右声道平衡及声场进行调节控制，当该器件出现故障时，通常会导致以上设置功能无法实现。

在功放的音频控制电路中采用多个同轴双联电位器，以便对双声道音频信号进行同步调

第4单元 数码家庭影院系统（AV）的结构特点和维修技能

整，如图3-14所示为待测双联电位器的实物外形、引脚标识及等效电路图。由图可知①、③、④、⑥脚为定片引脚，②、⑤脚为动片引脚。在检测时，可首先检测其两定片之间的最大阻值；然后可将调整旋钮调到最大和最小状态，分别检测定片与动片之间的阻值，正常情况下，万用表指针会随着旋钮的转动而左右摆动。

 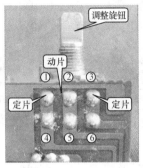 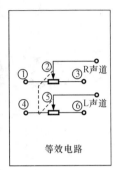

图3-14　待测双联电位器的实物外形、引脚标识和等效电路图

【实训演练】

如图3-15所示为双联电位器的具体检测方法。

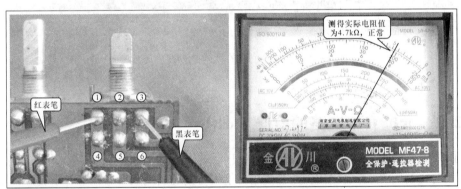

（a）检测双联电位器①、③脚定片引脚的阻值

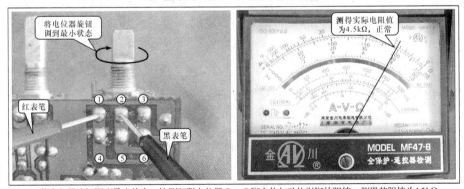

（b）将电位器旋钮调到最小状态，检测双联电位器①、②脚定片与动片引脚的阻值，测得其阻值为4.5kΩ

图3-15　双联电位器的具体检测方法

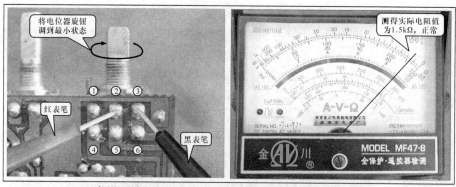

（c）检测双联电位器②、③脚定片与动片引脚的阻值，测得其阻值为1.5 kΩ

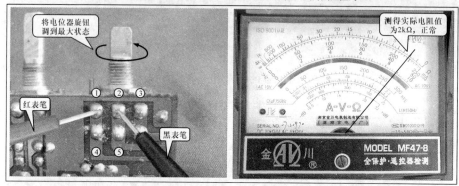

（d）将电位器旋钮调到最大状态，检测双联电位器①、②脚定片与动片引脚的阻值，测得其阻值为2 kΩ

图 3-15　双联电位器的具体检测方法（续）

其④～⑥脚的检测方法同上所述。

3.2.3　卡拉 OK 电路的检修实训

当用户将话筒插入功放机的话筒接口后，用户通过话筒输入的声音将被送入该电路中。若用户使用话筒时，其功放无声音输出；而在使用其他设备向功放输入音频信号且功放运行正常时，通常是由卡拉 OK 电路出现故障而引起话筒无声。此时，可对该电路中的主要部件进行检测。

下面以 LingHang AV-600 功放机为例介绍该电路部分的检修方法。该机中构成该电路的主要是回声信号产生电路 ES56033E、音频放大器 4558D 及话筒接口等部件，检测时，可重点对以上三个部件进行检测。

1. 回声信号产生电路 ES56033E 的检修方法

在卡拉 OK 电路板中，设置了回声调整旋钮，其可实现对话筒输入的信号进行混响，该功能主要是通过电路板中的回声信号产生电路 ES56033E 实现的。

在对该电路进行检测时，可使功放机处于正常的工作状态，在 ES56033E 供电正常的情况下，为卡拉 OK 电路板的麦克风输入端输入音频信号，然后检测 ES56033E 输入端的信号波形（⑩、⑫、⑬、⑯脚）。

若输入信号不正常，则属前级电路的故障；若输入的音频信号正常，则应继续检测输出端的波形（⑨、⑪、⑭、⑮脚）。

第4单元 数码家庭影院系统（AV）的结构特点和维修技能

若输出的音频信号不正常，则可能是 ES56033E 已经损坏，用同型号进行更换即可，若输出的音频信号正常，功放机还是无法正常使用卡拉 OK 功能，则应继续检测音频功率放大器 4558D 或中间级的电阻、电容元件是否存在故障。

【实训演练】

回声信号产生电路 ES56033E 的具体检测方法如图 3-16 所示。

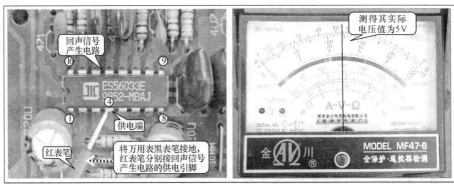

（a）检测回声信号产生电路ES56033E ④脚供电电压，实测为+5V，正常

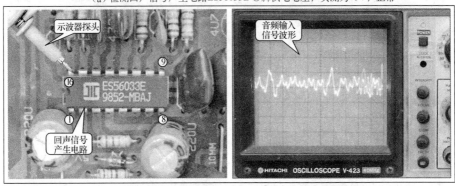

（b）检测回声信号产生电路ES56033E ⑯脚输入的音频信号波形

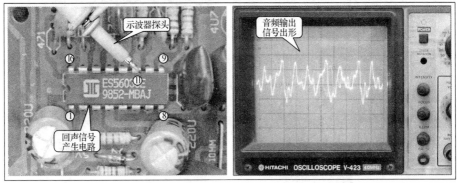

（c）检测回声信号产生电路ES56033E ⑪脚输入的音频信号波形

图 3-16　回声信号产生电路 ES56033E 的具体检测方法

2. 音频放大器 4558D 的检测方法

双运算放大器 4558D 是用来放大由话筒接口输入的音频信号的，对它进行检测时，可

以用检测其供电电压及输入音频信号和输出音频信号的方法来判断它的好坏。

检测时，可首先检测4558D ⑧脚的供电电压，正常时，该脚应有+12V的供电电压输入。

若供电正常，则可检测4558D ②脚和⑥脚输入的模拟音频信号是否正常。若供电和输入音频信号均正常，则可检测4558D 放大后的音频信号是否正常，4558D 的①脚和⑦脚为音频信号输出端。

【实训演练】

音频放大器4558D 的具体检测方法如图3-17 所示。

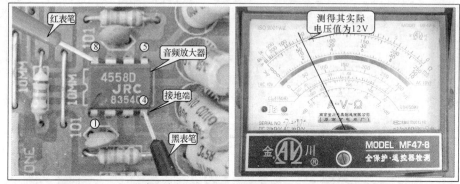

(a) 检测音频放大器4558D ⑧脚供电电压，实测为+12V，正常

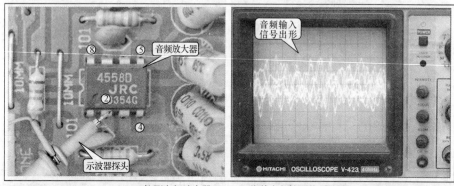

(b) 检测音频放大器4558D ②脚的音频输入信号波形

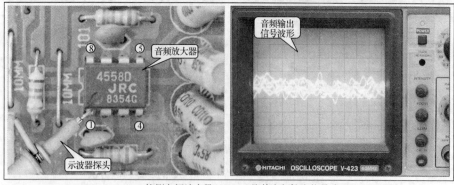

(c) 检测音频放大器4558D ①脚的音频输出信号波形

图3-17　音频放大器4558D 的具体检测方法

第4单元 数码家庭影院系统（AV）的结构特点和维修技能

若输入的音频信号正常而输出的音频信号不正常，则说明 4558D 可能损坏；若输入和输出的音频信号都正常，功放还是无法正常发出声音，则应检测该电路上的电阻、电容等元件，或者其他电路。

提示：上述项目实训后要做好实训报告，报告内容主要是实训项目、实训条件、实训方法和测试结果。

反侵权盗版声明

电子工业出版社依法对本作品享有专有出版权。任何未经权利人书面许可，复制、销售或通过信息网络传播本作品的行为；歪曲、篡改、剽窃本作品的行为，均违反《中华人民共和国著作权法》，其行为人应承担相应的民事责任和行政责任，构成犯罪的，将被依法追究刑事责任。

为了维护市场秩序，保护权利人的合法权益，我社将依法查处和打击侵权盗版的单位和个人。欢迎社会各界人士积极举报侵权盗版行为，本社将奖励举报有功人员，并保证举报人的信息不被泄露。

举报电话：（010）88254396；（010）88258888
传　　真：（010）88254397
E-mail：dbqq@phei.com.cn
通信地址：北京市海淀区万寿路173信箱
　　　　　电子工业出版社总编办公室
邮　　编：100036